"十三五"国家重点出版物出版规划项目

国家出版基金项目

中国道路

|国|防|与|军|队|建|设|卷|

着力提高信息化条件下威慑和实战能力

FOCUS ON ENHANCING THE DETERRENCE AND WARFIGHTING CAPABILITIES UNDER INFORMATIONIZED CONDITIONS

于巧华 著

中国财经出版传媒集团
经济科学出版社
Economic Science Press

图书在版编目（CIP）数据

着力提高信息化条件下威慑和实战能力/于巧华著．—北京：经济科学出版社，2017.9（2019.4 重印）

（中国道路·国防与军队建设卷）

ISBN 978-7-5141-8466-2

Ⅰ.①着⋯　Ⅱ.①于⋯　Ⅲ.①信息技术－应用－军队建设－中国　Ⅳ.①E919

中国版本图书馆 CIP 数据核字（2017）第 232886 号

责任编辑：李晓杰
责任校对：隗立娜
责任印制：李　鹏

着力提高信息化条件下威慑和实战能力

于巧华　著

经济科学出版社出版、发行　新华书店经销

社址：北京市海淀区阜成路甲 28 号　邮编：100142

总编部电话：010-88191217　发行部电话：010-88191522

网址：www.esp.com.cn

电子邮件：esp@esp.com.cn

天猫网店：经济科学出版社旗舰店

网址：http://jjkxcbs.tmall.com

北京季蜂印刷有限公司印装

710×1000　16 开　14 印张　190000 字

2017 年 9 月第 1 版　2019 年 4 月第 4 次印刷

ISBN 978-7-5141-8466-2　定价：42.00 元

（图书出现印装问题，本社负责调换。电话：010-88191510）

（版权所有　侵权必究　举报电话：010-88191586

电子邮箱：dbts@esp.com.cn）

《中国道路》丛书编委会

顾　　　问：魏礼群　马建堂　许宏才

总　主　编：顾海良

编委会成员：（按姓氏笔画为序）

　　　　　　马建堂　王天义　吕　政　向春玲
　　　　　　陈江生　季　明　季正聚　竺彩华
　　　　　　周法兴　赵建军　姜　辉　顾海良
　　　　　　高　飞　黄泰岩　魏礼群　魏海生

国防与军队建设卷

主　　　编：季　明

《中国道路》丛书审读委员会

主　任：吕　萍

委　员：（按姓氏笔画为序）
　　　　刘明晖　李洪波　陈迈利　柳　敏

总　　序

中国道路就是中国特色社会主义道路。习近平总书记指出，中国特色社会主义这条道路来之不易，它是在改革开放三十多年的伟大实践中走出来的，是在中华人民共和国成立六十多年的持续探索中走出来的，是在对近代以来一百七十多年中华民族发展历程的深刻总结中走出来的，是在对中华民族五千多年悠久文明的传承中走出来的，具有深厚的历史渊源和广泛的现实基础。

道路决定命运。中国道路是发展中国、富强中国之路，是一条实现中华民族伟大复兴中国梦的人间正道、康庄大道。要增强中国道路自信、理论自信、制度自信、文化自信，确保中国特色社会主义道路沿着正确方向胜利前进。《中国道路》丛书，就是以此为主旨，对中国道路的实践、成就和经验，以及历史、现实与未来，分卷分册作出全景式展示。

丛书按主题分作十卷百册。十卷的主题分别为：经济建设、政治建设、文化建设、社会建设、生态文明建设、国防与军队建设、外交与国际战略、党的领导和建设、马克思主义中国化、世界对中国道路评价。每卷按分卷主题的具体内容分为若干册，各册对实践探索、改革历程、发展成效、经验总结、理论创新等方面问题作出阐释。在阐释中，以改革开放近四十年伟大实践为主要内容，结合新中国成立六十多年的持续探索，对中华民族近代以来发展历程以及悠久文明传承进行总结，既有强烈的时代感，又有深刻的历史感召力和面向未来的震撼力。

丛书整体策划，分卷作业。在写作风格上注重历史与现实、理论与实践、国内与国际结合，注重对中国道路的实践与经验、过程与理论作出求实、求真、求新的阐释，注重对中国道路作出富有特色的、令人信服的国际表达，注重对中国道路为发展中国家走向现代化和为解决人类问题所贡献的"中国智慧"和"中国方案"的阐释。

在新中国成立特别是改革开放以来我国发展取得重大成就的基础上，近代以来久经磨难的中华民族实现了从站起来、富起来到强起来的历史性飞跃，中国特色社会主义焕发出强大生机活力并进入了新的发展阶段，中国特色社会主义道路不断拓展并处在新的历史起点。在这新的发展阶段和新的历史起点上，中国财经出版传媒集团经济科学出版社精心策划、组织编写《中国道路》丛书有着更为显著的、重要的理论意义和现实意义。

《中国道路》丛书2015年策划启动，首批于2017年推出，其余各册将于2018年、2019年陆续推出。丛书列入"十三五"国家重点出版物出版规划项目、国家主题出版重点出版物和"90种迎接党的十九大精品出版选题"。

《中国道路》丛书编委会
2017年9月

目 录

第一章 核心要求：扭住能打仗打胜仗这个强军之要 …… 1

一、军队首先是一个战斗队 / 1
二、向能打仗、打胜仗聚焦 / 9
三、利剑出鞘破长空 / 15

第二章 战略指导：以新形势下军事战略方针为统揽 …… 23

一、强国强军、战略先行 / 23
二、坚持战略服从政略 / 33
三、探索战争制胜机理 / 41

第三章 标定方位：坚持战斗力这个唯一的根本标准 …… 50

一、强军之要、要在标准 / 51
二、强化战斗力标尺的刚性 / 60
三、以战斗力标准为鲜明导向 / 68

第四章　秣马厉兵：不断拓展和深化军事斗争准备 …… 72

一、统筹布局、整体谋划 / 72
二、推动信息化建设加速发展 / 76
三、发展高新技术武器装备 / 81
四、提高后勤综合保障能力 / 92
五、打造高素质军事人才方阵 / 100

第五章　瞄准实战：从严从难从实战出发训练部队 …… 107

一、提高实战能力的重要途径 / 107
二、仗怎样打、兵怎样练 / 112
三、下猛药根治训练不正之风 / 117
四、在实战条件下摔打磨砺 / 122

第六章　激发血性：培育一不怕苦二不怕死的战斗精神 …… 133

一、气为兵神、勇为军本 / 134
二、人民军队的优良传统 / 139
三、形成战斗精神培育长效机制 / 150

第七章　联合制胜：提升基于信息系统的体系作战能力 …… 162

一、信息化战争拼的就是体系 / 162
二、体系作战能力的特点规律 / 169
三、体系作战能力建设的方法措施 / 176

第八章 战略威慑：增强遏制战争、捍卫和平能力 ………………………………… 180

一、战略威慑由来已久 / 180

二、战略威慑的有效实施 / 193

三、增强战略威慑能力 / 202

参考文献 / 208

第一章

核心要求：扭住能打仗打胜仗这个强军之要

天下虽平，忘战必危。世界进入国际体系加速演变和深度调整时期，国际安全风险和变数增大，战争危险依然存在，并有可能被潜在因素引发。我们坚持走和平发展道路，决不做称王称霸的事，决不搞侵略扩张，但如果有人要把战争强加到我们头上，我们必须能决战决胜。习近平主席深刻指出："要牢记能打仗、打胜仗是强军之要，必须按照打仗的标准搞建设抓准备，确保我军始终能够召之即来、来之能战、战之必胜。"① 这一重要论述，深刻揭示了我国军队的根本职能和战略任务，反映了中国特色强军之路的本质要求。在党中央、习近平主席和中央军委的坚强领导下，全军官兵紧紧扭住能打仗、打胜仗这个强军之要，不断强化当兵打仗带兵打仗练兵打仗思想，始终保持箭在弦上引而待发的戒备状态，军队信息化条件下威慑和实战能力显著增强。

一、军队首先是一个战斗队

军队作为一个武装集团，是为打仗而存在的。虽然我军在不

---

① 《解放军报》2012 年 12 月 13 日第 1 版。

同时期担负的具体任务不同，但作为"战斗队"的根本职能始终没有改变。在国家发生局部战争和武装冲突的时候，军队必须上得去、打得赢，这是军队的第一责任。人类历史血的教训表明，能战方能止战，准备打才可能不必打，越不能打越可能挨打，这就是战争与和平的辩证法。军队要做一个合格的战斗队，就要不断增强打赢能力，时刻准备为祖国和人民利益而战斗。

（一）军队的职能使命要求

马克思主义认为，军队是阶级和阶级斗争的产物，是一定阶级、政党实现其政治任务的武装集团和暴力工具。尽管战争形态因人类社会的不同发展阶段而变化，作战方式方法因科技和武器装备的发展而更新，但准备战争、进行战争、赢得战争，始终是军队的根本职能。军人生来为战胜。应当说，打仗是军人的第一职业，就像工人要会做工、农民要会种地一样，军人必须把全部心思用在想打仗、谋打仗、练打仗上。始终坚持"战斗队"性质，军队才能保家卫国、捍卫主权；反之，弱化了甚至丢掉了"战斗队"性质，军队就会成为亡国之军、辱国之队。

古罗马帝国早期非常重视军队建设，全民都有一种尚武精神。后来，随着国力强盛，外患解除，军队建设不再受到重视，罗马人也不再以服兵役为光荣的义务，甚至把保卫国家的责任交给了外籍雇佣兵。最终，军事力量衰退，罗马帝国衰亡。

清朝的八旗兵，初创时期"攻则争先，战则奋勇，威如雷霆，势如风发"，在统一女真、南下灭明的历次作战中所向披靡，势不可挡。然而，随着安宁日子的到来，军中将领刀剑入库，精神颓废，"饱食终日、弹筝击筑、衣绣策肥"，把练习骑射征战之事置于脑后。高级将领巡营竟以骑马为耻，出必坐轿，久而久之，许多将领连马背都爬不上去了。乾隆皇帝最后一次南巡至杭州，观看军队骑射表演，结果是"射箭，箭虚发；驰马，人坠地"，往日那种剽悍骁勇已荡然无存。这支涣散的军队，在西方列强面前屡战屡败、割地赔款，中华民族陷入百年屈辱。这警示我们，无论是战争时期，还是和平年代，军队的战斗队性质，永远不能丢。

我军在不同时期担负的具体任务不同，但作为战斗队的根本职能始终没有改变。人民军队是在炮火硝烟中诞生的，自建军之日起就以开展武装斗争为根本职能。从大刀长矛、小米加步枪，到今天机械化、信息化的武器装备，时代在变，环境在变，装备在变，规模在变，任务在变，但"为人民扛枪、为人民打仗"的根本职能始终没有变。

战争时期，为了开辟革命根据地，建立革命政权，我军在开展武装斗争的同时，还要宣传、组织、武装群众，进行土地革命，并筹款、搞生产以解决部队给养和供应。1927年12月，毛泽东同志为红军规定了打仗、筹款、做群众工作三项任务。从此，战斗队、工作队、生产队就成为我军的"三大任务"。尽管历史上这"三大任务"的具体内容表述不尽相同，但战斗队始终是我军第一位的任务。在土地革命战争时期，在极端困难的条件下，我军将士用大刀长矛粉碎了强敌的无数次围剿，使星星之火终成燎原之势；在千难万险的长征路上，红军冲破敌人的重重围追堵截，创造了人类战争史上的罕见奇迹；抗日战争时期，八路军、新四军在广大人民群众的支援下，广泛发动和坚持游击战，终于打败了日本侵略者；解放战争时期，我军横扫千军如卷席，消灭了国民党八百万军队。可以说，没有一支敢打必胜的战斗队，就没有战争的胜利；没有一支人民的军队，就没有人民的一切。

1949年3月，人民解放战争胜利在即，中国人民解放军将由乡村走向城市并担负起城市工作的任务。面对军队作战逐步减少、工作队作用增加的情况，毛泽东同志在党的七届二中全会上明确强调指出："人民解放军永远是一个战斗队"，这就进一步明确了军队的职责。新中国成立以后，人民军队始终牢记和遵循这一教导，始终保持强烈忧患意识，扎实进行战争准备，持续不断激发广大官兵旺盛战斗精神，先后取得了抗美援朝以及数次边境自卫还击作战的胜利，保障了国家的和平与安全。

新形势下，习近平主席强调军队首先是一个战斗队，具有极强的现实针对性。由于我军长期处于相对和平时期，有的官兵淡化了军队根本职能，滋生了松懈麻痹思想，真打实备的意识不强；革命军人的血性消退；干部队伍综合素质和部队战斗力建设还不能适应信息化条件下联合作战需要。特别是，我军许多年没打过仗了，缺乏信息化条件下作战的经验，各项建设成果缺乏实战检验。将来一旦有战事，我军能不能做到攻必克、守必固，战无不胜，必须作为军队的头等大事来抓。

军队要做一个合格的"战斗队"，必须确立随时准备打仗的思想，保持常备不懈的状态。"家国安危事，战士肩上责。"卫国戍边，保卫和平，永远是军人的神圣使命。党领导下的人民军队，作为国家的武装力量，作为人民民主专政的坚强柱石，必须做到在任何时候任何情况下，做到党中央、习近平主席一声令下迅即行动、决战决胜。

（二）战场打不赢，一切都为零

人类文明的发展史，也是一部血迹斑斑的战争史。可以说，军队因战争而产生，因打仗而存在。军队能不能打赢，事关国家存亡和民族兴衰。如果战场打不赢，就会给国家和民族带来严重灾难。

1571年，土耳其舰队在勒潘多海战中被西班牙和威尼斯舰队打败，从此横贯欧亚非三大陆的奥斯曼土耳其帝国逐渐衰落。1654年，荷兰海军被英国海军击溃，荷兰的海上霸权地位随之消失。1815年，拿破仑在比利时小镇滑铁卢惨遭失败，致使不可一世的法兰西第一帝国分崩离析。

满清八旗军原本是一支英勇善战的军队，不仅在与明朝军队的作战中所向披靡，而且在平定噶尔丹战乱、迎战外敌中立下了赫赫战功。但随着战事渐息、太平日久，其战斗士气日渐衰落，实力严重下降，终于在与太平天国的作战中疲于应付，在与八国联军的作战中一败涂地，落后腐朽的清政府已经没有任何战斗力，成了任人宰割的羔羊。1900年八国联军攻入北京后，"特许军队公开抢劫三天"，北京城遭受了一场空前的浩劫。自元明以来之积蓄，上自典章文物，下至国宝奇珍，扫地遂尽。更为可悲的是，"强盗"入室抢劫后，还强迫清政府签订《辛丑条约》，赔款4.5亿两白银，当时中国人口4.5亿，相当于人均赔款白银一两。负责与洋人谈判的李鸿章曾无奈地说，"洋人论势不论理"。军事上落后带来的是"和约"越签越多，而和平与安全却越来越少。鸦片战争后，中国遭受了帝国主义列强接二连三的侵略蹂躏，几乎是每战皆败，丧权辱国、割地赔款，逐步沦为半殖民地国家。落后就会挨打。这段屈辱的历史我们必须时刻铭刻在心。[1]

20世纪60年代，科威特依靠西方经济技术和力量，勘探开发了地下丰富的石油资源，经济飞速发展，一跃成为世界上最富有的国家之一。1990年8月2日凌晨，伊拉克10万大军突然大举入侵科威特。科威特军队猝不及防，还没来得及组织有效抵抗，就被伊军突破边境防线。伊军仅用10余个小时就占领科威特首都，科威特国王和王室成员被迫流亡沙特阿拉伯，昔日有"海湾明珠"美誉的科威特千疮百孔、面目全非。[2]

文无第一，武无第二。打得赢，不是一个口号，而是事关国家生死存亡的大事。综观人类发展史，一支军队战斗力的强弱，关乎国家的安危、民族的存亡。军队没有战斗力，不仅意味着战

---

[1] 董丛林：《刀锋下的外交：李鸿章在1870~1901》，东方出版社2012年版，第279~286页。
[2] 军事科学院军事历史研究部编：《海湾战争历史》，解放军出版社2000年版，第64~66页。

场的失败，更意味着民族的屈辱甚至灭亡，意味着千千万万生灵要遭受涂炭。

军人的最高荣誉在打赢。战场无"亚军"。战争对抗与其他角逐不同，只能以成败论英雄。如果把军人价值看作一座宝塔，"胜利"就是塔尖上那颗璀璨的明珠。一支军队没有对胜利的追求，就没有存在的必要；一个军人没有对胜利的渴望，就不是真正的军人。我军素以能打大仗、善打硬仗闻名于世，赢得了广泛赞誉。然而，我们必须清醒地认识到，以前能打胜仗，不等于现在能打胜仗。如果在党和人民需要时，我军不能在战场上取得胜利，国家安全就难以有效保障，革命先辈用鲜血和生命赢得的荣誉就会受到玷污，人民军队的光辉形象就会受到影响。"巩固国防，抵抗侵略，保卫祖国，保卫人民的和平劳动"的要求不只是写在纸上、说在嘴上的空洞口号，而是要在战争的血与火洗礼中交出合格答卷。我们需要时刻警醒自己：军队就是要随时准备打仗的，增强能打仗打胜仗能力是军人的神圣使命。

（三）准备打才可能不必打

"能战方能止战，准备打才可能不必打，越不能打越可能挨打"[①]，这是习近平主席站在历史、现实和未来的交汇点上，对战争与和平的辩证关系做出的科学概括。很显然，"把刺刀插在地里"是不能阻止战争的。思战才能备战，能战方可止战。汉字中的"武"字，由"止"和"戈"字组成。"止""戈"为武，蕴含着能战方能止战的深刻道理。"自古知兵非好战"，但能战方能止战。一支支引而不发的利箭，是对觊觎者的强大威慑，是捍卫和平安全的可靠屏障。有效履行我军保卫祖国、保卫人民和

---

① 习近平同志在十二届全国人大一次会议解放军代表团全体会议上的讲话《牢牢把握党在新形势下的强军目标　努力建设一支听党指挥能打胜仗作风优良的人民军队》，载于《解放军报》2014年3月12日第1版。

平劳动的根本职能，既表现在战时能够打赢战争，也表现在平时具有强大的威慑力量，能够发挥遏制战争的作用。古往今来，有充分准备、有强大军事力量、有打赢能力，才能不战而屈人之兵，达到"以武止戈"的目的。

手上有招，心中不慌。只有平时多备几手、多练几招，战时才能多几分胜算，打仗才有底气。只有以只争朝夕的精神、以打仗的心态练好"手中枪"，练出"撒手锏""无敌拳"，才能在千锤百炼中打造信息化条件下的虎狼之师，掌握信息化战场的主动权。这就是战争与和平的辩证法，也是历史经验的明证。

1949年1月31日，发生了一件震动中外的重大历史事件——北平和平解放，宣告了解放战争中具有决定意义的三大战役中的最后一个战役"平津战役"胜利结束。这次战役，共歼灭和改编华北国民党军几十万人，解放了华北，而且使北平这座驰名世界的文化古都免于战火，为新中国的定都奠定了基础。在这次战役中，还创造了中外战史上一个新典范——"北平方式"。意义不止如此，更为重要的是"北平方式"成为我军后来和平解放湖南、四川、新疆、云南等敌占区的成功范例，大大减少了双方伤亡，使敌占区人民免于战争之苦。"北平方式"之所以得以创立，之所以能实现"不战而屈人之兵"，毛泽东同志在题为《北平问题和平解决的基本原因》的评论文章中就一针见血地指出："和平地解决北平问题的基本原因是人民解放军的强大与胜利"[①]。熟悉这段战史的人都知道，正因为人民解放军当时已经形成了对盘踞北平之敌的绝对军事优势，才使傅作义最终放弃了抵抗到底的幻想。

古今中外，"不战而屈人之兵"，莫不是以"能战能胜"为前提。如果不能战，和平就只能是一种奢求。马克思指出，军人

---

① 中共中央文献研究室、新华通讯社编：《毛泽东新闻作品集》，新华出版社2014年版，第447页。

虽然"不生产谷物",却能"生产安全"。和平是对军人的最高奖赏。但和平不是上天赐予的,而是枕戈待旦、勇于战斗、善于胜利的军人用生命创造、用忠诚捍卫的。中华民族是一个爱好和平、崇尚和平的民族,历来珍视和平、反对战争,但是当敌人磨刀霍霍、非要死缠烂打时,我们必须敢于亮剑、以战止战。

当前,作为当代战争重要根源的霸权主义仍在肆虐。就我国安全环境而言,大规模外敌入侵的威胁虽然可以排除,但引发局部战争、军事冲突和强敌军事干预的隐患始终没有消除。最近一段时间,我国周边很不平静,亚太地区正成为国际战略竞争和博弈的一个焦点。某些大国进一步强化对亚太地区的战略控制,插手介入地区热点问题,特别是在南海问题上故意生事,加大力度对我国进行战略遏制和围堵。朝鲜半岛和东北亚地区局势充满变数。中亚地区恐怖主义、分裂主义、极端主义活动猖獗,给我国西北边境地区安全稳定带来不利影响。我们希望和平、矢志追求和平发展,但不能认为良好的愿望就可以消除战争威胁。

古罗马学者韦格修斯曾说:如果你想要和平,那就准备打仗吧!历史告诉我们,战备越充分,离战争可能就越远;反之亦然。现在我们维护国家安全的手段和选择增多了,但军事手段始终是保底的手段。如果缺少强大国防实力作支撑,经济、政治和外交等方面的作用和影响就会减弱。

当前,我国综合国力、国际地位和国际影响力不断提高,我们的战略回旋空间不断扩大,我国维护国家安全的手段和选择也在逐步增多。我们可以借助国家综合国力、核心竞争力等方面的优势,灵活运用政治、经济、文化、外交等手段,扩大战略回旋空间。但我们一定要清醒地认识到,政治和外交等其他方面的斗争,必须要有强大的国防和军队作支撑。在维护国家主权、安全和领土完整的斗争中,党和国家动用军事力量是最后手段、最后选项;而对军队来讲,则是唯一手段、唯一选项。

我们坚持走和平发展道路,决不做称王称霸的事,决不会搞侵略扩张，但如果有人要把战争强加到我们头上，我们必须能决战决胜。我们渴望和平，但决不会因此而放弃我们的正当权益，决不会拿国家的核心利益做交换，一旦发生战事，军队必须能决战决胜。在国家主权和领土遇到重要挑战时，在国家核心利益的原则问题上，我们没有退路，必须针锋相对、寸土必争，坚守底线、坚决斗争。

从一定意义上讲，军队没有和平时期，只有战争时期和战争准备时期。我们必须摒弃"当和平官、和平兵"的观念，强化战斗队思想，始终保持常备不懈、箭在弦上、引而待发的戒备状态，时刻准备为捍卫党、国家和人民的利益而战斗。

二、向能打仗、打胜仗聚焦

军队作为一个战斗队，是要随时准备打仗的，而且是要能打得赢的。能打胜仗是军队的根本职能和军队建设的根本指向。这就要求我们以党在新形势下的强军目标为引领，强化当兵打仗、带兵打仗、练兵打仗思想，全部心思向打仗聚焦，各项工作向打仗用劲，按照打仗的要求抓建设搞准备，确保军队召之即来、来之能战、战之必胜。

（一）坚持以党在新形势下的强军目标为引领

2013年3月，在十二届全国人大一次会议解放军代表团全体会议上，习近平主席鲜明提出，建设一支听党指挥、能打胜仗、作风优良的人民军队，是党在新形势下的强军目标。这一重要论述，科学回答了为什么要强军、怎样走中国特色强军之路的重大课题，具有很强的战略性、方向性和指导性，为在新的起点上加快推进国防和军队现代化建设，实现中华民族伟大复兴的强国梦强军梦想指明了前进方向、提供了根本遵循。

1. 听党指挥是灵魂，决定军队建设的政治方向。

我军是党缔造的，一诞生便与党紧紧地联系在一起。我军90年奋斗发展的历史，就是在党的领导下从小到大、由弱到强的历史。没有中国共产党的领导，就没有人民军队的成长壮大、战无不胜。党对军队绝对领导这一建军根本原则，是我党我军以生命和鲜血为代价，经过艰辛探索得来的，是中国共产党把马克思主义建党建军学说同中国革命实际相结合的伟大创造。坚持党对军队绝对领导是我军永远不变的军魂。新形势下，我们必须坚持贯彻执行党的理论和路线方针政策不动摇，始终高举中国特色社会主义伟大旗帜，坚定中国特色社会主义道路自信、理念自信、制度自信、文化自信；坚持党对军队绝对领导的根本原则和人民军队的根本宗旨不动摇，始终忠于党、忠于社会主义、忠于祖国、忠于人民，做到绝对忠诚、绝对纯洁、绝对可靠。

2. 能打胜仗是核心，反映军队的根本职能和军队建设的根本指向。

这就进一步明确了能打胜仗在强军目标中的地位作用。军队是为打仗而存在的。强军之"强"，必须体现在能打胜仗上。把能打胜仗作为核心要求，强军兴军就立起了刚性标准，就能带动强军各要素全面发展。听党指挥，最终要落实到坚决完成党赋予的各项任务上，做到党一声令下迅即行动、决战决胜。我军素以能征善战著称于世，创造过许多辉煌的战绩。同时，我们必须看到，能打胜仗的能力标准是随着战争实践发展而不断变化的，以前能打胜仗不等于现在能打胜仗。我军打现代化战争能力不够，各级干部指挥现代化战争能力不够，这两个问题还现实地摆在我们面前。早在1977年，邓小平同志就指出，要看到我们各级干部指挥现代化战争的能力都很不够，要承认我们军队打现代化战争的能力不够。这番话是针对机械化半机械化条件讲的。今天，我们已经处在信息化条件下，这"两个能力不够"的问题更加突出。"我军现代化水平与国家安全需求相比差距还很大，与世界先进军事水平相比差距还很大，必须以只争朝夕的精神抓起来、赶上去。"① "全军一定要充分认识我国安全和发展面临的新形势新挑战，充分认识国防和军队建设的重要地位和作用，自觉担当起维护国家主权、安全、发展重大责任，增强忧患意识、危机意识、使命意识，按照党的十八的部署，埋头苦干，抓紧快干，推进国防和军队现代化建设跨越式发展，为实现'中国梦'提供坚强力量保证。"② 深刻认识和理解习近平主席在新的历史起点上明确的军队能打仗、打胜仗根本目标的重大政治意义，就必须强化战斗队思想，把英勇善战、敢打必胜的优良传统发扬光大，确保党中央、习近平主席和中央军委一声令下，能够决战决胜、不辱使命。

3. 作风优良是保证，关系军队的性质、宗旨、本色。

作风优良才能塑造英雄军队，作风松散可以搞垮常胜之师。一支能征善战的军队，必定是一支作风优良的军队。作风优良是我军无坚不摧、战无不胜的重要法宝。纵观人民军队 90 年的历史，优良作风伴随着我军的成长壮大不断丰富发展，又成为我军从小到大、从弱到强、从胜利走向胜利的重要保证。正是靠着优良的作风，我军始终保持了强大的凝聚力战斗力，军旗所指，所向披靡，成为一支威武之师、文明之师、胜利之师。从革命战争年代打败凶恶的国内外敌人，到新中国成立后胜利进行抗美援朝战争和多次边境自卫反击作战，我军"遇强敌而勇过、临险阻而志坚"，屡屡创造"小米加步枪"战胜"飞机加大炮"、木船打败军舰的战争奇迹，更重要的是具有为党和人民利益而战斗的崇高追求、团结一致的目标追求、以"气"胜"钢"的拼刺刀精神、"一不怕苦、二不怕死"的英雄气概。新形势下，我军所处

---

①② 习近平同志在十二届全国人大一次会议解放军代表团全体会议上的讲话《牢牢把握党在新形势下的强军目标　努力建设一支听党指挥能打胜仗作风优良的人民军队》，载于《解放军报》2014 年 3 月 12 日第 1 版。

的社会环境、面对的时代条件和担负的使命任务发生了深刻变化，作风建设面临许多新情况新挑战新考验。我们要从保持人民军队性质宗旨、有效履行使命任务的高度，进一步加强作风建设的紧迫感和责任感，把作风建设作为军队一项基础性、长期性工作抓紧抓实，始终保持发扬我党我军的光荣传统和优良作风，夯实依法治军、从严治军这个强军之基，坚持以纪律建设为核心，坚决反对和纠正形式主义、官僚主义、弄虚作假、奢侈浪费等问题，下大气力整肃军纪，做到信念不动摇、思想不松懈、斗志不衰退、作风不涣散。

听党指挥、能打胜仗、作风优良——言简意赅的12个字，寄托着党和人民的期望和重托，体现了坚持根本建军原则、军队根本职能、特有政治优势的高度统一，实现了党的军事指导理论又一次与时俱进。我们必须始终坚持党对军队的绝对领导，紧紧扭住能打胜仗这个强军之要，加强和改进思想作风建设，坚持一切工作向打仗聚焦，更加坚定自觉地抓备战谋打赢，发扬我军大无畏的英雄气概和英勇顽强的战斗作风，提高我军信息化条件下威慑和实战能力。

（二）强化当兵打仗带兵打仗练兵打仗思想

一名合格军人要么在战斗，要么在准备战斗。美国四星上将巴顿曾说，我相信有备无患，我历来带着手枪，就是结上白领带、穿着燕尾服时也是这样。

随时准备打仗要有强烈的忧患意识。当今世界，正处于新旧格局转换、新旧秩序更迭、新旧体系更替的关键期，我国快速崛起、由大向强，进一步走近世界舞台中央，阻力压力和风险挑战陡然上升，我国安全问题的综合性、复杂性、多变性更加突出。我国周边领土主权争端、大国地缘竞争、军事安全较量、民族宗教矛盾等问题更加凸显，我们家门口生乱生战的可能性增大。美国围绕海洋权益争端等问题，高调对我方实施恐吓，对华遏制和强硬的一面更加突出，收紧周边、就近阻击甚至直接上手的可能性上升。2017年2月安倍与特朗普会谈，称《日美联合声明》首次写入《日美安保条约》第五条适用于钓鱼岛等内容。我们要充分认清国家安全形势的复杂性和严峻性，最关键的是要高度警惕国家被侵略、被颠覆、被分裂的危险，高度警惕改革发展稳定大局被破坏的危险，高度警惕中国特色社会主义发展进程被打断的危险。增强忧患意识，做到脑子里永远有任务、眼睛里永远有敌人、肩膀上永远有责任、胸膛里永远有激情，时刻准备为祖国和人民去战斗。

随时准备打仗必须要有强烈的危机意识。"国不可一日无防，军不可一日无备。"思想上的"马放南山"，有时比现实中的"刀枪入库"更可怕。回顾人类历史，歌舞升平的太平盛世相对短暂，扑面而来的多是刀光剑影，充斥于耳的往往是鼓角争鸣。战争就像人们头上随时可能落下的"达摩克利斯之剑"，它什么时候打响、以什么方式进行，往往难以预测，甚至没有什么规律可循。从纳粹德国突袭苏联，到日本偷袭珍珠港，再到第三次中东战争以色列偷袭埃及等阿拉伯国家得手，无不说明了这一点。敌人很可能是在你最没有想到的时间，以你最没有准备的方式，发起攻击，抢占主动。我们一旦麻痹大意，必然要付出鲜血和生命的代价。前事之师，殷鉴不远。作为执干戈以卫社稷的军人，必须居安思危，常备不懈，切实克服"任期内打不了仗，打仗也轮不上我"等想法，以"时刻准备着"的姿态枕戈待旦、严阵以待。

随时准备打仗要有强烈的使命意识。我军是人民民主专政的坚强柱石，对外要抵御侵略、捍卫国家主权和领土完整，对内要防止敌对势力的颠覆破坏、保卫人民的和平劳动，这是宪法赋予我军的神圣职责。能打仗、打胜仗，是党中央、习近平主席站在军队建设新的历史起点上，发出的强军动员令，"我想的最多的就是，在党和人民需要的时候，我们这支军队能不能拉得上去、打胜仗,各级指挥员能不能带兵打仗、指挥打仗。"① 在军内一次重要会议上,习近平主席这番话如黄钟大吕,振聋发聩。"能不能",是我军战斗力建设必须回答的胜战之问。"能不能",时刻在拷问:我们离能打仗、打胜仗的核心要求有多远?"国家大柄,莫重于兵。"努力建设大国军队、强国军队、一流军队,始终能打仗、打胜仗,不负党和人民重托,维护国家利益,保障和平发展,是我们这一代军人必须肩负的使命责任。

(三) 始终保持箭在弦上引而待发的战备状态

良好的战备状态是部队能打胜仗的重要前提。1982年4月爆发的英国和阿根廷的马岛之战,以阿根廷的失败而告终。西方军事专家认为,阿根廷失败的一个重要原因是输在了战备上。阿军没想到英军会很快组织舰队越洋 13 000 公里前来"复仇",远未做好全面应战准备。随着战局的发展,阿军的弹药、补给等都出现了严重问题,40%的炸弹引信过期无法爆炸,飞机即使能起飞却没有反舰导弹,先期登岛的部队又缺衣少食,弹药储备不足,最后战败就成了必然。必须看到,相对于机械化战争来说,现代信息化战争爆发突然、进程短促、以快打慢,往往"首战即决战、发现即摧毁",预警时间极短甚至来不及预警,日常战备的快速反应能力直接影响战争结局。应对信息化战争,赢得作战主动权,加强日常战备显得更加重要、更加现实、更加紧迫。

当前,国家安全形势的综合性、复杂性、多变性进一步增强,只有时刻准备、随时能战,才能切实维护国家安全和发展利益。我们必须把日常战备工作提到战略高度,始终保持枕戈待旦、厉兵秣马的戒备状态。加强战备建设,坚持平战一体,着力提高快速反应和处置突发事件能力。建立常态化战备体制机制,

---

① 《在中国特色强军之路上阔步前行——党的十八大以来习近平主席和中央军委推进强军兴军纪实》,载于《解放军报》2016 年 3 月 1 日第 1 版。

完善落实日常战备值班制度,定期组织战备检查考核,加强战备基础性建设和针对性演练,真正把思想上的弦绷得紧而又紧、对策上的准备做得细而又细、训练上的力度抓得强而又强。深入研判可能发生的安全风险,有效应对各类突发情况,狠抓各项战备制度落实,保持各级战备值班体系高效运行,保持政令军令畅通,保持常备不懈的战备状态,随时准备领兵打仗,确保一旦有事能够迅即行动、决战决胜。

三、利剑出鞘破长空

目标引领方向,梦想凝聚力量。党在新形势下的强军目标,确立了军队建设新的起点和标准,明确了加强军队建设的聚焦点和着力点,拎起了国防和军队建设的总纲。党的十八大以来,全军和武警部队坚决贯彻落实党中央、习近平主席和中央军委战略部署,不断深化和拓展军事斗争准备,大力改进作风、整肃军纪,革命化现代化正规化建设全面加强,履行使命的能力进一步提高,圆满完成了党和人民赋予的各项任务。

(一)国防和军队现代化加速推进

新的历史条件下,在党中央、习近平主席和中央军委的坚强领导下,全军官兵戮力强军、砥砺前行,扎实推进部队建设和军事斗争准备,部队战斗力显著增强。

充分发挥政治工作生命线作用。习近平主席亲自决策到古田召开全军政治工作会议,深刻阐明新的历史条件下党从思想上政治上建设军队的重大问题,明确提出军队政治工作的时代主题是,紧紧围绕实现中华民族伟大复兴的中国梦,为实现党在新形势下的强军目标提供坚强政治保证,确立了党在强国强军进程中政治建军的大方略。我军紧紧抓住政治建军这个人民军队的立军之本，毫不动摇地坚持党对军队绝对领导的根本原则和全心全意为人民服务的根本宗旨，坚持用中国特色社会主义理论体系武装官兵，努力把理想信念在全军牢固立起来，把党性原则在全军牢固立起来，把战斗力标准在全军牢固立起来，把政治工作威信在全军牢固立起来；下大气力解决问题积弊，着力整顿思想、整顿用人、整顿组织、整顿纪律，激活强军兴军的强大正能量；大力培养有灵魂有本事有血性有品德的新一代革命军人，传承红色基因，塑造强军文化，我军政治工作不断创新发展，政治工作生命线作用日益彰显。一个正本清源、革弊鼎新、重整行装、聚力强军的政治生态迅速形成。

武器装备建设取得重大突破。坚持把自主创新作为武器装备发展的战略基点，一些关键技术和重要武器装备研制取得重大进展。具有千万亿次计算能力的超级计算机系统研制成功，北斗区域卫星导航系统初步建成，实施载人航天工程，实现了中华民族几千年的飞天梦想。"空警2000""空警200"等新型空中预警机投入使用，"歼20"战机等新型装备列装部队，大型军用运输机"运20"成功试飞。"辽宁号"航空母舰开展海上军事训练，第二艘航空母舰下水，标志着我国自主设计建造航空母舰取得重大阶段性成果。我军基本形成了以直升机、装甲突击车辆、防空和火力压制武器为骨干的陆上作战装备体系；形成了以新型潜艇、水面舰艇和对海攻击飞机等为骨干的海上作战装备体系；形成了以新型作战飞机、地空导弹武器系统为骨干的制空作战装备体系；形成了固液并存、核常兼备、近中远程和洲际导弹齐全的战略武器系列。武器装备的发展，为战斗力生成和发挥奠定了坚实的物质基础。

信息化建设迈上新的台阶。坚持以机械化为基础，以信息化为主导，推进机械化与信息化复合式发展。建成以光纤通信为主，以卫星、短波通信为辅的新一代信息传输网络，信息基础设施建设实现跨越式发展。侦察情报、指挥控制和战场环境信息系统建设取得长足进步，后勤和装备保障业务信息系统得到推广应用。指挥控制系统与作战力量和保障系统初步实现互联互通，命令传输、情报分发和指挥引导更加快捷高效，军队信息化建设迈上新的台阶。

正规化建设进一步加强。大力建设法治化军队，切实打牢依法治军、从严治军这个强军之基。从中央八项规定到军委十项规定，从严格军队党员领导干部纪律约束的若干规定到加强干部选拔任用工作监督管理的五项制度、关于加强军队基层风气建设的意见……一项项法规制度配套出台，各项铁规发力生威，制度笼子更加严密。全军部队严格按照法规制度规范军队各项建设和工作，强化全军官兵法治信仰和法治思维，着力提高各级领导运用法治思维和法治方式开展工作的能力，坚持领导依法决策、机关依法指导、部队依法运转、官兵依法行事，军队建设法治化水平不断提升。

（二）信息化条件下联合作战能力显著提升

积极推进中国特色军事变革，推动战略指导、作战理论、军事训练以及保障方式创新，破解制约战斗力提升的深层次矛盾，增强打赢信息化战争能力。

陆军领导机构的成立，开启了陆军建设发展新征程。陆军转型建设注重加强顶层设计，科学制定陆军发展战略和规划计划，推动陆军融入联合体系，在联合作战大框架下一体化设计陆军转型建设，提高陆军对全军体系作战能力建设的贡献率，把实战化军事训练摆在陆军转型建设的突出位置，提高陆军战斗力和实战水平。

海军紧紧扭住核心军事能力建设不放松，聚焦能打仗打胜仗，坚持战斗力标准和问题导向，积极开展使命课题专攻精练、复杂电磁环境对抗演练和作战指挥训练，检验战法训法，探索现代海战制胜机理，"体系练兵"背靠背对抗成常态，"出岛链"

远海训练成常态,"海上维权"战备巡逻成常态。

空军按照"建设一支空天一体、攻防兼备的强大人民空军"的战略要求,聚焦新体制新职能新使命,坚持主建为战、盯战抓建,以有效履行使命任务为牵引,拓展和深化空军的战略应用,持续开展实战化训练,严密组织东海警巡、南海战巡、远海训练等行动,积极参加联合军演、国际救援等任务,在努力"造形"中不断"成势",全面推进空军战略转型由量变积累向质变跨越。

火箭军按照精干有效的原则,推进部队现代化建设,提高快速反应、有效突防、精确打击、综合毁伤和生存防护能力,战略威慑和防卫作战能力逐步提高。常规导弹部队按照"随时能战、准时发射、有效毁伤"核心标准要求,探索实施整旅突击、连续突击、集团突击、复杂电磁环境下突击、应对强敌干预突击"五个突击"训练,砥砺大国长剑浴火腾飞。

战略支援部队聚焦常态运用、持续备战,强化战斗精神培育,时刻保持高度戒备状态,做到部队边建边用、边练边用、常态部署、持续运用,当好新型安全领域的警戒哨、巡逻兵。围绕加速培育新质作战能力,战略支援部队确立了技术武器化、力量体系化、能力实战化的发展方向,以进入战备为指标,分阶段推进实战化能力建设。

组建战区,是党中央、习近平主席和中央军委着眼实现中国梦强军梦作出的战略决策,是全面实施改革强军战略的标志性举措。东部战区、南部战区、西部战区、北部战区、中部战区的成立,标志着我军联合作战指挥体系建设取得历史性进展。战区担负着应对本战略方向安全威胁、维护和平、遏制战争、打赢战争的使命,对维护国家安全战略和军事战略全局具有举足轻重的作用。各战区牢记使命,毫不动摇听党指挥,聚精会神钻研打仗,紧紧围绕提高联合作战指挥能力,积极探索构建联合作战指挥体系,健全完善联合作战指挥运行机制,采取有效措施培养联合作战指挥人才，不断创新联合作战理论，领兵打仗、联合作战指挥能力不断增强。

（三）国家安全和发展利益有效维护

近年来，我国安全形势发生了新的变化，生存安全问题和发展安全问题、传统安全威胁与非传统安全威胁相互交织。面对国家安全面临的新挑战，全军官兵忠实履行历史使命，有效应对多种安全威胁，以实际行动为维护国家主权、安全、发展利益和全面建设小康社会做出了重大贡献。

有效应对多种安全威胁。严密守卫祖国的万里边防和辽阔海疆，有效震慑和打击危害国家安全和统一的各种分裂、破坏活动，有效应对了多种安全威胁。针对东海、南海争端，军队积极配合国家外交斗争，采取海军舰艇常态化巡逻，空军战机升空巡航等一系列反制措施，打破了长期以来日本对钓鱼岛的所谓"实际控制"，强化了对黄岩岛等南海岛礁的管控，既坚决捍卫了我国领土主权和海洋权益，又有力维护了外交大局的总体稳定。始终坚持军事斗争准备龙头地位不动摇、扭住核心军事能力建设不放松，有效遏制了"台独"势力分裂祖国的图谋，促进两岸关系和平发展。依照法律法规参加维护社会稳定行动，在防范打击暴力恐怖势力、民族分裂势力、宗教极端势力等"三股势力"的斗争中发挥了骨干和突击队作用。

坚决维护国家发展利益。围绕国家利益日益拓展的新变化、新需求，我军积极开展海上护航、撤离海外公民、国际应急救援及维和等行动，不仅有效保护了我国的海外利益，也展现了大国军队维护世界和平的形象。根据联合国安理会授权，我国海军舰艇编队远赴亚丁湾、索马里海域执行护航任务。2015年春，也门内战爆发。人民海军临沂舰奉命前往撤侨，交战区内中国战舰成为同胞的"诺亚方舟"。这一刻，飘扬的五星红旗和八一军旗让身处险境的同胞热泪盈眶。9天之中，临沂舰三进也门，不仅保护了同胞，还将其他 15 个国家的 279 名公民安全撤离。这一举动让世界看到：日益强大的中国人民解放军，不仅是中国人民之幸，也是世界和平之福。我军还积极参加了海地地震、巴基斯坦洪灾等多项国际人道主义救援任务，积极支持和参与了国际扫雷援助等活动，向世界展示了我军胜利之师、文明之师、威武之师的形象。

圆满完成一系列急难险重任务。我国是世界上自然灾害最为严重的国家之一。在应对各种自然灾害的过程中，我军始终是抢险救灾的突击力量，承担最紧急、最艰难、最危险的任务。2016年夏，洪灾肆虐。危急关头，让老百姓眼前一亮、心头立安的，是一面面鲜红的军旗。大堤上，空降兵某部官兵无畏的身影宛若群雕。2008 年，汶川抗震救灾，是这支部队——15 名空降兵不顾个人生死，毅然从乌云密布的高空纵身跳下，空降震中茂县。1998 年，在那场百年不遇的洪灾面前，也是这支部队发出震撼天地的誓言："誓与大堤共存亡！人在堤在，我在人民生命财产在！"79 个日日夜夜，他们创造了未溃一堤一圩的奇迹。1952年，震惊世界的上甘岭战役，也是这支部队——美军倾泻的炮弹把上甘岭山头削低了 2 米，也没能让他们后退一步。如今，上甘岭战役中那面带着 381 个弹孔的军旗，陈列在空降兵部队史馆里，也永远"飘扬"在这支部队官兵和人民群众的心中。

积极支援国家经济建设。全军部队在完成各项任务的前提下，充分利用人才、装备、技术、基础设施等方面的资源和优势，积极支援地方基础设施重点工程、生态环境建设和社会主义新农村建设，扎实了扶贫帮困、助学兴教、医疗扶持等工作，为促进地方经济发展、社会和谐、民生改善做出了重要贡献。

（四）不断提高信息化条件下威慑和实战能力

我们在看到人民军队取得伟大成就的同时，也必须清醒看到，与我国国际地位、国家安全和发展需求相比，国防和军队现代化水平还存在差距。国防和军队建设的主要矛盾,仍然是现代化水平与打赢信息化条件下局部战争的要求不相适应、军事能力与履行军队历史使命的要求不相适应。解决这些矛盾和问题,我们必须牢牢把握党在新形势下的强军目标,全面加强军队革命化现代化正规化建设,不断提高信息化条件下威慑和实战能力。

1. 以新形势下军事战略方针为统揽。

党的十八大以来,习近平主席、中央军委着眼国家发展战略和安全战略新要求,领导制定新形势下军事战略方针,确立了统揽军事力量建设和运用的总纲。增强信息化条件下威慑和实战能力,必须以新形势下军事战略方针为统揽,坚持积极防御军事战略,整体运筹备战与止战、维权与维稳、威慑与实战、战争行动与和平时期军事力量运用。

2. 坚持战斗力这个唯一的根本标准。

强军之"强",说到底是打赢能力强,是战斗力强。增强信息化条件下威慑和实战能力,必须充分发挥战斗力的根本导向功能,坚持做到全部心思向打仗聚焦,各项工作向打仗用劲。紧紧围绕战斗力这个唯一的根本标准,对接明天战争、对接部队任务、对接个人岗位,在全军上下形成练打赢、谋打赢的正确导向,有效带动着各项建设朝着强军打赢推动和落实。

3. 不断拓展和深化军事斗争准备。

军事斗争准备是军队的基本实践活动,是维护和平、遏制危机、打赢战争的重要保证。增强信息化条件下威慑和实战能力,必须坚持军事斗争准备龙头地位不动摇、扭住核心军事能力建设不放松,努力把军事斗争准备提高到一个新水平。

4. 从实战需要出发从难从严训练部队。

军事训练是提高军队战斗力的基本途径。特别是相对和平环境下,保持一支军队的强大战斗力,根本的出路是"像打仗一样训练"。增强信息化条件下威慑和实战能力,必须着眼实战需要从难从严训练部队,坚持仗怎么打兵就怎么练、打仗需要什么就苦练什么，突出使命课题训练，加强诸军兵种联合训练，抓好检验性对抗性训练，在实战条件下摔打锻炼部队。

5. 大力培育一不怕苦、二不怕死的战斗精神。

战斗精神，是军人的职业精神，是军人美德和价值的集中体现，是打赢战争的必要条件。军队永远都是一个战斗队，战斗精神是一支军队永恒的主题。党领导下的人民军队自诞生以来，一贯注重培育战斗精神，一贯强调发扬战斗精神。我军从小到大，由弱到强，从胜利走向胜利，离不开战斗精神的思想灌注，离不开战斗精神的坚强支撑。战斗精神是我党我军取得革命胜利的重要精神法宝。信息化战争不仅是武器的对抗，更是精神和意志的抗争。增强信息化条件下实战和威慑能力，必须大力培育官兵的战斗精神，时刻保持军队敢打必胜的高昂士气。

6. 提高基于信息系统的体系作战能力。

未来信息化战争将不再是单一作战力量、单一作战要素之间的对抗，而是通过信息系统将多种作战要素融为有机整体，是体系与体系的对抗。基于信息系统的体系作战能力成为作战能力的基本形态，增强基于信息系统的体系作战能力成为战斗力建设的发展要求。必须着眼增强基于信息系统的体系对抗能力需求，把陆、海、空、天、电多维空间的各种作战要素融为一体，最大限度发挥作战体系的整体效能。

7. 增强战略威慑能力，维护国家安全和世界和平。

千百年来，人类的战争史就是一部威慑与实战相结合的战史。军队作为国家武装力量的主体，本身就具有威慑和实战双重功能。战争时期主要靠实战能力打赢战争，而相对和平时期则主要靠充分准备形成威慑功能来遏制战争。这就决定了我军军事斗争的着眼点将不仅仅是应对战争、赢得战争胜利，更要着眼于建设一支具备强大威慑和实战能力的人民军队，不断增强遏制战争爆发、阻止战争升级的威慑能力，有效维护国家安全，促进世界和平和繁荣发展。

第二章

战略指导：以新形势下军事战略方针为统揽

战略指导是对战争准备与实施的原则性指示和引导①。战略指导正确与否，对战争胜负和国家安全有着至关重要的作用。党的十八大以来，习近平主席和中央军委着眼国家发展战略和安全战略新要求，领导制定新形势下军事战略方针，确立了统揽军事力量建设和运用的总纲。在新形势下军事战略方针指导下，我军坚持以维护国家安全和发展利益为原则，坚持积极防御军事战略方针，整体运筹备战与止战、维权与维稳、威慑与实战、战争行动与和平时期军事力量运用。根据战争形态演变和国家安全形势，将军事斗争准备基点放在打赢信息化局部战争上，有效控制重大危机，妥善应对连锁反应，坚决捍卫国家领土主权、统一和安全。

一、强国强军、战略先行

军事战略方针是党的军事政策的集中体现，从来都是为实现党和国家战略目标服务的。我军从小到大、由弱到强，成为战胜

---

① 《中国人民解放军军语》，军事科学出版社2011年版，第54页。

国内外一切敌人、实现中华民族独立解放的中坚力量、建设繁荣富强新中国的坚强柱石，走出一条具有中国特色的强军之路，关键是制定并实施了充分反映中国革命战争规律和军队建设实际的军事战略。

（一）积极防御战略对革命战争的科学指导

在长期革命战争中，毛泽东同志等老一辈革命家吸取古今中外有益的战争经验，坚持实事求是、理论与实践相结合的原则，提出具有反映中国革命特点的指导战争全局的积极防御战略思想。其精要之义在于：战略上的防御与战役战术上的进攻；战略上的持久战与战役战斗上的速决战；你打你的，我打我的；兵民是胜利之本；敢于以劣胜优、以弱胜强；立足于复杂和困难情况下打赢战争。

土地革命战争时期，全国大部分地区在国民党、蒋介石的统治下。红军从创立之日起就遭到强大敌人反复"围剿"。毛泽东同志、朱德同志及时总结井冈山斗争经验，提出了"敌进我退，敌驻我扰，敌疲我打，敌退我追"的16字诀。随着红军不断发展壮大，毛泽东同志在1930年10月进一步提出"诱敌深入"方针，领导中央红军粉碎敌人四次"围剿"，根据地日益扩展。然而，"左"倾冒险主义在军事上执行消极防御路线，先是推行冒险主义和投机主义，继而采取保守主义和逃跑主义，导致第五次反"围剿"失败，红军损失惨重，不得不进行艰苦卓绝的万里长征。1936年，毛泽东同志在《中国革命战争的战略问题》中，从正反两个方面总结了这一时期的革命战争经验。毛泽东同志指出："积极防御，又叫攻势防御，又叫决战防御。消极防御，又叫专属防御，又叫单纯防御。消极防御实际上是假防御，只有积极防御才是真防御，才是为了反攻和进攻的防御。"[①]《中国革命

[①] 《毛泽东选集》第1卷，人民出版社1991年版，第198页。

战争的战略问题》精辟地论述了积极防御的精神实质和基本原则，划清了积极防御和消极防御的界限，标志着积极防御战略思想上升为理论形态，标志着一条正确的军事路线开始确立。

抗日战争时期，毛泽东同志科学分析抗日战争敌强我弱、敌退步我进步、敌小我大、敌失道寡助我得道多助的特点，提出了持久战的方针政策，划分了战略防御、战略相持和战略反攻三个阶段。同时，对正面战场提出了高度的运动战的战略方针，对敌后战场制定了基本的是游击战，但不放松有利条件下运动战的战略方针。要求在战略上实行内线的持久的防御战，在战役、战斗上实行外线的速决进攻，将游击战提高到战略地位，使之与正规战相结合，歼灭战和消耗战相结合，形成了积极防御战略思想的理论体系，从根本上否定了亡国论和速胜论的错误思想，为抗日战争胜利指明了正确方向。

解放战争时期，针对蒋介石发动全面内战，毛泽东同志制定了以歼灭国民党有生力量为主而不是保守地方为主的战略方针。在战略防御阶段，规定了内线作战的方针，不计一城一地的得失，以运动战为主要作战形式，在大踏步进退中，捕捉和创造战机，集中优势兵力，各个歼灭敌人，逐步改变战略态势。在战略反攻阶段，提出了以歼灭战为核心的十大军事原则，要求逐次决战，就地各个歼灭国民党军重兵集团，实行战略决战和战略追击，夺取战争的全面胜利。积极防御战略思想在这一时期得到全面丰富和发展。

（二）新中国成立后积极防御战略思想的创新发展

新中国成立后，我军在不同历史时期和历史阶段，对积极防御战略方针进行了充实、调整，科学指导军队建设和军事斗争准备，有力维护了国家主权和安全。

抗美援朝战争时期，中国人民志愿军从战争中学习战争，取得了在现代条件下以劣势装备战胜世界头号强敌的宝贵经验，积极防御战略思想有了新的重大发展。中国人民志愿军在战略反攻阶段，以运动战为主，与部分阵地战、敌后游击战相结合的战略方针为指导，与朝鲜人民军共同进行了战略反攻，将以美军为首的"联合国军"赶回到三八线附近，扭转了战局。在战略防御阶段，执行持久作战、积极防御的战略方针，进行了以坑道为主的坚固阵地防御战，采取"零敲牛皮糖"，即打小歼灭战的方法，成功进行了战术、战役反击战。同时，将军事打击与停战谈判相结合，以打促谈，迫使美国在"历史上第一个没有胜利的停战协定"上签字，稳定了朝鲜半岛局势，保卫了新中国的安全。

20世纪50年代至60年代初，为应对帝国主义可能的侵略，毛泽东同志明确提出中国的战略方针是积极防御，决不先发制人。这主要是基于我国的社会主义性质，基于我国所处的国际环境，以及从军事服从政治的原则出发。我们的任务是保卫和平、发展和人类进步事业，把中国建设成为一个伟大的社会主义国家，所以我国主张以谈判的方式而不是用战争的方式来解决国际间的各种争端，就是说，中国的国家性质、任务和外交政策决定我国的战略方针应当是防御的。实现积极防御的战略方针，要不断增强我国的国防力量和军事实力，继续扩大国际统一战线，从军事和政治上来遏制或推迟战争的爆发；当帝国主义不顾一切后果向我国发动侵略战争的时候，我军要能够立即给予有力的反击，并在预定的设防地区阻止敌人的进攻，把战线稳定下来，打破敌人速战速决的计划，迫使敌人同我军进行持久作战，以逐渐剥夺敌人在战略上的主动权，使我军逐渐取得战略上的主动权。按照"防敌突袭"的积极防御战略方针，我国进一步加强了防备帝国主义突然袭击的准备，加强了国防和军事力量的重点建设，加强了应付全面战争能力的锻造。同时，确定了对战争初期我军的具体战略是"既不单是运动战，也不单是阵地战，而应当是阵地战结合运动战，也就是以阵地的防御战和运动的进攻战相结合"的指导方针。根据这一方针，我军加强了战场建设，特别

第二章 战略指导：以新形势下军事战略方针为统揽

是东南沿海的重点地区建设，构筑了坚固防御工事，提高了阻止敌人长驱直入的防御水平。"积极防御、防敌突袭"战略方针的确立，统一了全党、全军的思想，为我国国防建设和国防斗争提供了正确的战略指导。

20世纪60年代初，根据国际形势、我国面临的现实威胁和我军的实际情况，毛泽东同志在1965年6月召开的杭州会议上指出，还是要诱敌深入才好打，敌人得不到好处你就不能诱敌深入。御敌于国门之外，我从来就说不是好办法，还是诱敌深入才好打。杭州会议后，"积极防御、诱敌深入"开始成为我军未来作战的指导方针。在随后一年多的时间里，毛泽东同志多次强调：还是让敌人进来，尝尝甜头，诱敌深入好消灭它。这样，从60年代中期开始，"积极防御、诱敌深入"的战略方针，就成为我国国防建设和国防斗争的根本指导方针。我军的各方面建设也是按照这一战略方针展开的。与此同时，党中央、中央军委虽然从战争时间、战争规模和战争形态上考虑指导战争的问题，提出了要准备"早打、大打、打核战争"的方针，但"诱敌深入"的指导方针没有变。1969年3月，珍宝岛事件的发生更加重了中央对战争危险的预测。党的九大报告提出："决不可以忽视美帝、苏修发动大规模侵略战争的危险性。我们要做好充分准备，准备他们大打，准备他们早打。准备他们打常规战争，也准备他们打核大战。总而言之，我们要有准备。"此后，全国按照准备"早打、大打、打核战争"的方针，备战规模更加扩大。准备"早打、大打、打核战争"是积极防御战略方针的一种特殊表现形式，是对当时恶劣的国际环境，尤其是危机四伏的我国周边环境的一种特殊的应对措施。准备"早打、大打、打核战争"是从最坏、最困难的估计出发的军事斗争准备方针，它对于各行各业，尤其是从军事上做好反侵略战争准备，立足于有备无患，遏制和威慑敌人的侵略企图，是有积极意义的。但不利方面是，经济建设中过分强调了从临战出发，在一定程度上影响了国民经济的发展。

20世纪70年代后期,国际关系有所缓和,自60年代中期之后那种针对中国的军事压力和威胁相对减弱,特别是我国恢复了在联合国的合法席位以后,国际地位迅速提高。中美关系正常化,中美建立外交关系;中日建交和中国周边环境的显著改善;长期紧张对峙的中苏关系的缓解,中苏之间三大障碍的逐渐消除;尤其是美苏两个超级大国的冷战格局进一步处于胶着状态,难分雌雄,双方均对作为一个世界重要大国的中国在战略关系上有着一定的依存。基于对国际战略格局的准确把握,邓小平同志认为,美苏两家双方实际上是军事上的均衡,谁对谁都没有绝对的优势,所以都不敢动;苏美双方都在努力进行全球战略部署,但都受到挫折,都没有完成,他们不敢动;世界和平力量的增长超过了战争力量的增长。虽然世界战争的危险是存在的,但是较长时间内避免大规模世界战争的可能性是存在的。这就改变了我们长期以来的战争危险迫在眉睫的看法。依据对国际战略形势变化的科学认识和正确判断,我国积极防御战略方针内容进行了及时的调整,把从长期以来应立足于"早打、大打、打核战争"临战状态转变到和平时期建设的轨道上来,并且实行我军由应付、打赢全面战争到以应付、打赢局部战争的战略调整。这一战略方针的确立,有力地指导和促进了新时期国防和军队建设。

以海湾战争为标志,现代战争形态发生重大变化,已开始由一般常规战争发展成为高技术战争,即主要使用高技术武器装备和与之相适应的作战方法所进行的现代化战争。技术决定战术,一系列军事高技术的发展,使得现代战争的面貌发生了重大变化,全纵深作战、非线性作战成为基本交战方式,战场空前广阔,陆海空天电五维一体。海湾战争后,我军加强了对现代技术特别是高技术条件下局部战争特点、规律的研究和探索,并且在以下几个重大理论问题上取得了比较一致的认识:一是高技术局部战争是政治的继续,它没有改变、也不可能改变其政治属性。

二是人与武器的最佳结合是赢得高技术局部战争的关键,高技术战争的优势不仅表现为高技术武器装备的数量和质量,更表现为参战人员的素质,即高技术武器装备的驾驭能力和水平。三是综合国力是制约高技术局部战争的物质基础。四是高技术局部战争的斗争焦点是制信息权,信息主导权已经成为能否有效地实施战场指挥、控制直至夺取战争胜利的焦点。面对高技术战争这些特点和规律,我军建设必须适应战争形态的这一重大变化,迎接世界军事发展的挑战。根据冷战结束后国际战略格局的重大变化和世界新军事革命的兴起,以及我国国防安全所面临的新形势,1993年初,中央军委明确提出了新时期军事斗争准备的基点,要从应付和打赢一般条件下的常规战争转到打赢现代技术特别是高技术条件下的局部战争上来,实行军事战略指导方针的重大调整。其基本要求是:在对战争样式的认识上,要从重点准备全面战争包括核战争,转向现代技术特别是高技术条件下的局部战争;在武装力量的建设上,要从重视军队数量转向注重军队质量;在教育训练的改革上,要重点解决诸军兵种联合作战问题,由依靠全面动员和战略决战转向提高快速反应和应急机动作战能力。新时期军事战略方针,要求军队建设逐步实现从数量规模型向质量效能型,从人力密集型向科技密集型的转变。新时期军事战略方针的确定,是对积极防御战略方针的重大发展,它不仅为我国赶上世界军事发展的潮头指明了方向,也使我国进一步明确了国防和军队发展的道路。

21世纪初,党中央、中央军委根据新的形势任务,充实完善新时期军事战略方针,把军事斗争准备的基点放到打赢信息化条件下的局部战争上。提出新世纪新阶段军队"三个提供、一个发挥"的历史使命,把科学发展观作为国防和军队建设的重要指导方针,进一步明确建设信息化军队、打赢信息化战争的战略目标,坚持从政治高度和国家利益全局观察处理军事问题,把推动科学发展作为国防和军队建设的主题,把加快转变战斗力生成模式作为国防和军队发展的主线，以国家核心安全需求为导向拓展和深化军事斗争准备，把提高基于信息系统的体系作战能力作为军事斗争准备的根本着力点，大力推进机械化信息化复合发展，加快建立现代军事力量体系，深入推进机械化条件下军事训练向信息化条件下军事训练转变，以增强打赢信息化条件下局部战争能力为核心，不断提高我军应对多种安全威胁、完成多样化军事任务能力，确保我军能够在各种复杂形势下有效应对危机、遏制战争、维护和平。积极防御战略思想在新的历史条件下进一步创新发展。

（三）拓展积极防御战略的科学内涵

中国的国情军情、制度性质和历史传统，决定了我们必须坚持实行积极防御的军事战略方针，它始终是党指导军事斗争全局的根本战略思想。我国始终奉行防御性的国防政策，坚持走和平发展道路，永远不称霸、永远不搞扩张，但也不会在别人的挑战面前逆来顺受、忍气吞声，不会任人肆意向我们挑衅。我们不惹事，也不怕事，任何时候任何情况下，都决不放弃维护国家正当权益，决不牺牲国家核心利益。同时，积极防御的内涵随着时代的发展而不断发展。当前，国家安全问题范围和领域不断扩大，军队担负的职能任务不断拓展，军事力量运用日益常态化，运用方式越来越多样化。这就要求我们坚持积极防御战略思想，同时深刻把握国家安全内涵和外延的发展变化，进一步丰富发展积极防御的时代内涵，以防御为根本，在"积极"二字上做文章，进一步拓宽战略视野、更新战略思维、前移指导重点、整体运筹备战与止战、维权与维稳、威慑与实战、战争行动与和平时期军事力量运用，注重深远经略，塑造有利态势，综合管控危机，坚决遏制和打赢战争。

第一，拓宽战略思维视野。今后一个历史时期，和平、发展、合作仍是时代潮流，我国发展仍处于大有作为的重要战略机

第二章 战略指导：以新形势下军事战略方针为统揽

遇期。同时，也应该看到，潜在的和现实的多样化威胁仍然严峻。祖国统一面临威胁、领土主权和海洋权益存在争端，由此引发危机、冲突甚至局部战争的可能性不能排除。军事战略思维要着眼国家安全和发展全局，准确把握国内外环境的复杂变化和国内国际两个大局的深刻互动。坚持以宽广的眼光观察世界，进一步增强大局意识和战略意识，善于从国内国际两个大局的联系互动中思考和处理军事问题，善于着眼国家利益全局筹划和指导军事行动。牢固树立综合安全观念，不断拓展军事战略指导的范围和领域，统筹应对国家安全面临的多种威胁。

第二，前移军事战略的指导重心。我军战略指导的重心是随着形势的发展而不断变化的。它的演变轨迹呈现出不断前移的趋势。在战争年代，我军战略指导重心是战争进行过程中的作战活动；在和平年代，提前到战争爆发前的战争预备工作；20世纪90年代初遏制战争思想的提出，又将其向前推移了一步。战略指导重心的前移，不仅大大扩展了积极防御战略的理论内涵，而且拓宽了战略手段的发展空间，增大了战略回旋余地，使其"积极性"随着时代的发展而不断添加新色彩。从新的历史条件下我国安全面临的威胁来说，发生举国迎敌的全面战争的可能性较小，但发生局部战争或武装冲突的危险性不能排除，后者最大可能是由某种危机引起并升级而成。因此，在军事战略指导上，必须把遏制危机提升到关乎全局安危的高度加以科学运筹，进一步前移军事战略的指导重心。其主要着眼点，就是拓展战略运筹的空间，充分发挥军事斗争在和平时期的重要作用，使其更紧密地与政治、外交斗争配合，尽可能地缓和矛盾、化解风险、消弭冲突，使可能引发危机的问题得以解决或控制，通过遏制危机来达到避免战争的目的，为国家发展营造良好的外部环境和有利的战略态势。

第三，高度关注海洋、太空、网络空间安全。党的十八大报告强调要高度关注海洋、太空、网络空间安全，这对我们加强军事战略指导、维护国家安全提出了新的要求。海洋是国际交往的大通道和人类可持续发展的战略资源宝库，当今世界正在兴起新一轮的海洋开发浪潮。我国是一个陆海复合型大国，在海洋拥有巨大的战略利益。未来一个较长时期，我国安全威胁主要来自海上。太空是国际战略竞争新的制高点，太空军事优势对现代战争进程和结局具有决定性影响。世界主要国家纷纷制定太空战略，发展太空军事力量，太空武器化进程加快，太空军事竞争有可能改变国际军事斗争格局，给我国安全带来严重挑战。网络是信息时代的重要标志，网络空间正在成为影响国家安全和发展的新型战略领域，成为渗透、影响甚至决定其他作战空间的重要作战空间。世界主要国家高度重视发展网络军事力量，加紧建设网络战部队，不断提高网络战能力，围绕网络空间发展权、主导权和控制权的竞争愈演愈烈。我国在网络空间面临诸多现实和潜在威胁。军事战略既要把保卫领土、内水、领海、领空安全作为根本任务，又要拓展积极防御的防卫空间，坚决维护国家海洋权益和在太空、网络空间的安全利益。要充分认清海洋、太空、网络空间安全形势，加强海洋、太空、网络空间安全问题研究，抓好相关力量和手段建设，为维护国家利益提供有力的战略支撑。

第四，着眼应对多种安全威胁，坚持扭住核心军事能力建设不动摇，统筹推进非战争军事行动能力建设。当前，国家安全问题的综合性、复杂性、多变性前所未有，面临的现实挑战和潜在威胁更加严峻。应对多种安全威胁首要的是应对国家被侵略、被颠覆、被分裂的威胁。军事战略指导必须坚持扭住核心军事能力建设不动摇，在重点加强信息化条件下局部战争指导的同时，积极运筹和平时期军事力量运用，统筹推进非战争军事行动能力建设，为应对多种安全威胁、完成多样化军事任务实践提供科学指导。把备战和止战、威慑和实战、战争行动和和平时期军事力量运用作为一个整体加以运筹，发挥好军事力量的战略功能。

第五，在突出主要战略方向军事斗争准备的同时关照其他战略方向，确保战略全局的整体均衡。主要战略方向在哪里，是战略指导首先考虑的根本性、全局性、方向性重大问题。只有抓住了主要矛盾，才能抓住事物发展的"牛鼻子"。正确把握主要战略方向，充分做好战争准备，就可以稳定大局。但是，在抓主要矛盾、突出主要战略方向的同时，也必须高度关注其他战略方向的军事斗争准备，注意主要矛盾和次要矛盾的相互转化关系。在一定条件下，处于次要方向的矛盾和问题，有可能上升为主要方向和主要矛盾。从新中国成立后经历的战争和地区冲突来看，几场局部战争都发生在非主要战略方向。20世纪50年代，我国关注的主要方向是东南沿海，防范的主要对象是败退台湾的国民党军队及其后台老板美国，最终在不是主要方向的东北打了一场大规模战争——抗美援朝战争。60年代，我国关注的重点是东北方向，结果在西面打了一场中印边境反击战。70年代，我关注的战略重点是三北方向，防范的是苏联对我国可能的大规模进攻，可在南边打了一场长达10年的边境反击战。因此，在关注主要矛盾时，也要关注次要矛盾，关注矛盾关系的转化。正确区分战略方向和战略任务，分清主次轻重，突出抓好主要战略方向的部署与建设，同时也要统筹兼顾其他战略方向，加强战略预置，严密防范非主要方向不测因素引发的变局和连锁反应。

二、坚持战略服从政略

人类战争发展史证明，战争是政治通过另一种手段（即暴力）的继续，是解决阶级和阶级、民族和民族、国家和国家、政治集团和政治集团之间矛盾冲突的最高斗争形式。战争的本质就是政治，政治始终对战争具有决定性作用和影响。当今时代，军事和政治的联系更加紧密，在战略层面上的相关性和整体性日益增强，政治因素对战争的影响和制约愈发突出。筹划和指导战争，必须深刻认识战争的政治属性，坚持军事服从政治、战略服从政略，从政治高度思考战争问题。

（一）信息化战争仍然是政治的继续

当前，战争形态正在由机械化向信息化转型，呈现出新的特点。一是信息能成为战场能量释放的主导。信息化战争作为新的战争形态，正在改变战场能量释放的原理，物理能、化学能开始让出战场能量资源的主导地位，而以信息资源为核心的信息能成为信息化战争战场能量释放的主导方式。通过"信息能"对物质和能量的控制，大大提高作战指挥、控制、火力打击、后勤保障等各方面的能力，提高作战效能。二是战场空间陆海空天电多维一体。战场空间从有形拓展到无形，从传统的陆、海、空三维空间，拓展到太空、电磁、网络及心理认知等新领域，呈现出全维多域的景象。三是战争进程迅疾而短促。由于指挥手段实现了信息化、网络化，先进的 C^4ISR 系统在很大程度上实现了侦察监视、通信联络、指挥控制的无缝链接，形成了体系内顺畅联通的信息高速公路网，侦察、打击实现一体化，战略、战役、战术纵向之间，陆、海、空、天、电横向之间的信息共享趋于即时化，指挥循环周期大为缩短，导致作战行动的速度与节奏大大加快。四是战场对抗表现为体系与体系间的整体较量。依靠电子计算机、网络和数据链，采用综合集成的方法，把所有武器装备和作战力量，都联结成为高度一体化的整体。分布于不同空间、地域的兵力兵器通过信息系统联为一体，各作战单元、作战要素通过系统集成实现一体化，在信息高度共享的战场环境中实现互联、互通、互操作。信息化战场的这种力量组合方式的新变化，使信息化战争形成了作战体系间的整体较量。

信息化战争作为一种全新的战争形态，表现出与传统战争不同的特点和规律，但是，它的政治属性没有也不可能从根本上改变。信息化战争仍然是"政治的继续"。

第一，从社会条件看，由于阶级、民族、国家、政治集团的社会政治形态依然存在，因而相互之间的利益矛盾和冲突不可避免，当矛盾与冲突不可调和时，就会导致战争的发生。因此，信息化战争依然是达成一定的阶级、民族、国家和政治集团的政治目的的一种工具和手段。

第二，从战争指导看，信息化手段使得战争样式和作战方式更加多样化，导致战争在战略、战役、战术之间的界限相对模糊，以至于最高领导层和决策层对战争的准备、实施、进程和结束更为关注和审慎，因而更加凸显战争与政治之间的密切关系，政治始终居于支配地位，军事服从政治，战略服从政略，并贯穿于战争的全过程。

第三，从战争实践看，近期发生的具有信息化性质或信息化水平较高的几场局部战争，都是双方国家利益较量的结果，都是双方国家政治发展的产物。很显然，信息化战争的本质仍然是政治，仍然是政治经济利益矛盾斗争的必然产物。

因此，信息化战争只是信息时代"政治交往的一个部分，而不是什么独立的东西"。战争仍然是政治的继续。所不同的是，信息系统和信息化武器使得远程、精确、非接触式打击成为可能，能在远距国境和目标的地方对最重要战略目标进行毁伤，使得占有技术优势的一方，在政治上能够更便捷地掌握战争的权柄。

（二）信息化战争依然是暴力冲突

战争就是使用暴力。从古至今，不存在没有暴力对抗的战争，暴力性是战争区别于其他斗争形式的突出特征。人类社会形成以来，战争一直是阶级之间、民族之间、国家之间、政治集团之间暴力冲突的最高形式。信息化战争是信息时代占主导地位的战争形态，信息化战争是信息时代最高形态的暴力冲突。

表面上看来，随着信息技术的发展和信息战的出现，战场摧毁将不再以歼灭敌人的有生力量为主，而是以破坏、瘫痪敌方的指挥控制和信息系统为主，即通过有效地控制"信息流"来主导"能量流"和"物质流"，从而达到控制战场之目的，所谓的"软毁伤""软杀伤"似乎越来越重要，信息化战争似乎已经由血与火的搏杀转化为技术和智能的较量。但从根本上看，战争的暴力本质并没有改变。战前和战争期间的信息、情报、经济、政治、外交、心理上的斗争和抗衡，都将越来越激烈。信息技术不仅提供了战争中可采用的"软杀伤"手段，同时也提高了战争中的硬摧毁力量的作用，增强了战争手段的暴烈性、残酷性和破坏性，所谓"战争的'文明性'只偏向实力优势一方。"① 美军非常明确地把"零伤亡"作为其军事战略的选择，当然这种战略只是确保他们自己的"零伤亡"。在近期几场局部战争中，美军伤亡人数的确越来越少，但对方的伤亡，尤其是平民的伤亡却不断增强。所谓的"文明"战争，只是对占技术优势一方的"文明"，而对技术弱势方，仍面临的是残酷的战争破坏与毁伤。在北约对南联盟持续78天的空袭行动中，北约共动用各型飞机1 200架、海军舰艇约30艘，发射、投掷各型导弹和炸弹2.3万多枚，对南境内数百个目标进行了轰炸，共炸毁12条铁路、5条公路、50多座桥梁、5个民用机场、20多家医院、数家电厂、57%的军地两用油库和39%的广播电视转播设施，造成1 800多名平民丧生、6 000多人受伤、近百万人沦为难民。此外，战争中使用的贫铀弹、碳纤维弹和集束炸弹等武器对生态环境也造成了严重破坏，潜在的对人身心健康和生存能力的影响也是巨大的。而北约，则无人员伤亡。②

当然，信息化战争的暴力特征，在表现形式上已经发生了重大变化。

---

① 沈伟光：《战争新思维》，新华出版社2002年版，第196页。
② 徐洸、李亚国：《科索沃战争研究》，蓝天出版社1999年版，第70~88页。

第一，在暴力作用的方式上，冷兵器战争主要表现为单纯的体能发挥，热兵器战争主要表现为化学能的发挥，热核兵器战争主要表现为物理能、化学能、核能的综合发挥，而信息化战争则更多地表现为信息能的发挥，信息能不仅没有排斥其他能量形态，而是进一步增强了传统能量的作用效能。

第二，在暴力作用的目标上，信息化战争着眼于攻击敌方的信仰、认识和信念，以国家政治、经济、军事设施及联结整个社会的计算机网络系统为首要攻击目标，通过运用信息化手段，造成敌国信息系统瘫痪、能源供给中断、交通运输混乱、社会秩序动荡、国防能力下降，使整个国家陷入瘫痪、社会陷于混乱的状态，致使敌国民众心理产生强烈的震撼和恐慌，迫使其放弃抵抗意志从而达到战争的目的。

第三，在暴力作用的后果上，信息化战争导致直接或间接的经济损失远远超过传统战争，甚至可能造成难以想象、具有长期性影响的灾难。比如，伊拉克战争造成伊拉克大量基础设施损毁或瘫痪。战后经济重建也因持续动乱而难以开展。失业、高物价、贫困等问题严重困扰着伊拉克民众。成千上万伊拉克人流离失所。生活环境日益恶化、日常生活必需品及水供应严重不足、卫生设施严重缺乏，使伊拉克面临前所未有的生存危机。美军在战争中使用数千枚贫铀弹，引发严重的健康和环境"后遗症"。贫化铀有毒、致癌。贫铀弹爆炸后放射性微粒落在地面和河流，进入水和土壤难以进行清除，长期污染环境和人类食物链，导致受感染后出生的婴儿先天疾病患率增加，给生活在污染区民众带来长期的、严重的影响。

（三）信息化战争动因更加错综复杂

马克思认为，一切历史冲突都根源于生产力与交往方式之间的矛盾。随着信息在社会实践活动中地位和作用的日益突出，人类社会固有的利益矛盾和冲突也随之发生了新的变化，因而导致信息化战争的诱因更为复杂化、多样化。霸权主义和强权政治依然存在并有新的发展，霸权主义强国积极利用信息技术发展不对称的绝对优势推行政治强权、谋求世界霸权，成为信息化战争的主要根源和策源地；不合理、不公正的国际政治经济旧秩序对世界战略格局仍然具有重大影响，为信息化战争的产生埋下了祸根；国家主权、领土的争端等利益矛盾依然存在，这些矛盾和冲突将继续成为信息化战争的诱因；种族、宗教矛盾没有消失，特别是一些落后地区的极端宗教势力不满于发达国家的经济控制和新干涉主义的矛盾日益显现和尖锐化，也是信息化战争的重要动因；国际恐怖主义活动猖獗，危害着人类社会的和平与安全，已经成为信息化战争新的诱因；武器控制特别是核、生、化等大规模杀伤性武器的扩散与控制问题日益困难和复杂，也进一步升级发展为战争新的诱因。此外，能源争夺、经济利益纷争、意识形态对立、文化冲突和干涉别国事务以及国际犯罪、毒品走私、环境恶化等问题，也成为诱发战争的因素。

尽管诱发战争的因素多种多样，但都有其不同的政治和政策原因，政治是孕育战争的母体，所以战争的直接根源要从政治矛盾中去研究。霸权主义与强权政治是当代战争的是最大根源。

早在 20 世纪初，列宁就曾明确指出，帝国主义是战争的最大根源。正是帝国主义、霸权主义和强权政治肆无忌惮，到处扩张，导致流血战争。20 世纪上半叶，是帝国主义侵略扩张最野蛮、最疯狂的时期。为了掠夺更多的殖民地，帝国主义国家到处制造紧张局势，对弱小国家进行讹诈、欺压，不断制造各种武装冲突，并引发两次大规模的世界大战。第二次世界大战结束后，美国利用其在大战中捞取的利益以及战后所取得的地位，迅速走向了称霸世界的道路。然而这与以苏联为代表的一些国家之间发生了日益尖锐的矛盾。双方以雅尔塔会议未曾解决的种种问题为起点，展开了一系列冲突与对抗。20 世纪 50 年代末开始，苏联

第二章　战略指导：以新形势下军事战略方针为统揽

也逐步走上霸权主义道路，并与美国展开了势力范围的争夺。他们通过向某些国家提供军援、经援，在一些国家建立军事基地，以及与其建立军事合作关系、同盟关系等形式，到处插手国际事务，直接干预他国内政，导致许多地区动荡不安，局部战争不断。

冷战结束后，国际安全形势发生剧烈变化。作为两极格局中的一极——苏联解体，世界战略格局呈现不稳定状态，各种新旧矛盾相互交织、错综复杂。新干涉主义盛行，超级大国强权扩张的势头不但没有减弱，反而有所加强。20世纪90年代初的海湾战争，以美军为首的多国部队之所以能大张旗鼓地对伊动武，是打着反对伊拉克对科威特的侵略，"伸张正义"的大旗进行的。但其潜在政治目的，是维护其在中东对丰富的石油等经济资源的支配权。1999年科索沃战争，在美国操纵下的北约，敢于置联合国于不顾，违反国际法准则，悍然对南联盟进行长达78天的空袭，干涉一个主权国家的内政，是打着"人权大于主权""消除人道主义灾难"的政治幌子而进行的。但所掩藏的更深层的政治战略企图，是为北约继续东扩扫清障碍，进一步挤压俄罗斯的战略空间，维护美国独霸世界的单极地位。"9·11"事件后，美国一方面急于寻找目标报复，另一方面也借机扩大自己的霸权。于是，以"反恐"为名，不顾联合国和国际舆论的反对，先后发动了阿富汗战争和伊拉克战争。阿富汗战争，公开的名义是打垮塔利班，活捉本·拉登，真实企图则是在阿富汗驻军，长期控制阿富汗。伊拉克战争，美国开战主要有两个说法：一个是以萨达姆支持基地组织、藏有大规模杀伤性武器为理由，另一个认为萨达姆是"恶棍""独裁者"，所以要推翻萨达姆政权，解放伊拉克人民，建立"民主、自由"的国家。但真实目的还是为了长期控制海湾这块战略要地，是奔着石油去的。回顾和分析20世纪90年代以来这几场局部战争，由于霸权主义假借发动战争的种种理由，在一定时期和一定范围也起到了掩盖战争侵略性和非正义性的目的。

（四）正确处理战争与政治的辩证关系

战争是政治的继续。新的历史条件下，政治对战争的制约作用，集中体现为军事斗争必须服从服务于国家发展战略的要求。党和国家确立的紧紧抓住21世纪头二十年重要战略机遇期，全面建设小康社会的发展战略目标，要求我军能够有效地应对危机、维护和平，遏制战争、打赢战争，为国家发展提供坚强有力的安全保障。我军对未来战争的筹划和准备，必须从政治和国家利益全局的高度出发，把军事行动控制在既能达成战争目的，又尽可能避免和减少战争带来的破坏和冲击的范围之内，保持国家战略上的总体稳定。

实现中华民族伟大复兴，是国家和民族的最高利益。现在，我们比以往任何时候都更加接近这一目标。越是在这样一个关键的发展阶段，我们越是要保持战略清醒，增强战略定力，处理好战争和政治的辩证关系，把战争问题放在实施中华民族伟大复兴这个大目标下来认识和筹划，不能出现战略性失误。筹划和指导战争，必须深刻认识战争的政治属性，坚持军事服从政治、战略服从政略。要处理好战争和政治的辩证关系，把战争问题放在实施中华民族伟大复兴这个大目标下来认识和筹划。

在军事斗争准备中，我们的战时政治工作要有前瞻性，加强针对性。要教育引导官兵做到"三个认清"：认清西方的人权观、价值观和民主、自由观的真实本质；认清霸权主义、强权政治是引起世界不安宁，造成国际恐怖主义泛滥的深刻根源；认清维护世界和平发展的局面，尊重各国主权，严格遵守国际法、充分发挥联合国的作用，才是公理和正义的必然要求与体现。

三、探索战争制胜机理

当前,世界军事技术正在发生突破性进展,战争形态加速由机械化向信息化转型。信息化战争是交战双方或一方以信息化军队为主要作战力量、信息化武器为主要作战手段进行的战争。它以大量应用电子信息技术而形成的信息化武器装备为基础,以夺取信息优势为核心,以一体化指挥自动化系统为统一指挥协同的纽带,在陆、海、空、天、电多维空间遂行诸军兵种联合作战。信息化战争伴随人类社会逐步由工业社会进入信息社会而出现,是信息技术高度发展和社会信息化程度不断提高的产物。20世纪中后期,以信息技术为主导的高新技术群陆续出现,大量信息化武器装备投入战场,人类战争逐步由机械化战争向信息化战争发展。通过对近期几场局部战争的深入分析,我们可以看到,现代战争的制胜机理,正在从过去的数量规模、人力密集、大规模毁伤,向质量效能、科技密集、精确打击等方面转变。打赢信息化战争,必须在夺取信息优势、增强质量效能、确保精确摧毁、提高反应速度、强化体系破袭、注重心理攻防等方面下功夫。

(一)夺取信息优势

机械化战争中,起主导作用的是物质和能量,打的主要是"钢铁仗"和"火力仗"。而在信息化战争中,信息是核心资源,是决定战争胜负的关键因素。以电子战、网络战为主要作战行动的信息作战,是夺取信息时代战争战场主动权和赢得战争胜利的有效手段。它在确保己方获取信息和信息系统正常运转的同时,破坏敌方信息的获取和信息系统的正常运转,使其指挥控制系统变成"瞎子""聋子",武器系统成为一堆毫无生机的废铁。在信息化战场上,敌对双方信息攻防的对抗十分激烈。

从某种意义上讲，信息化战争是以争夺战场"制信息权"为主要行动的战争。美国高级军事专家托马斯·A. 基尼、艾略特·A. 科恩在《战争的革命》一书中指出："在未来战争中，对信息的争夺将发挥核心作用，可能会取代以往冲突中对地理位置的争夺。"① 可以说，攻城略地已经成为机械化战争的历史，在信息化战争中，地理目标日趋贬值，信息资源急剧升值，争夺"制信息权"将成为敌对双方对抗的焦点。拥有信息资源，握有信息优势，是取得战争胜利的先决条件。

海湾战争中，争夺信息优势的斗争，贯穿于战争的全过程，渗透于所有作战空间。海湾战争空袭作战阶段，多国部队每天有 2 000 架次飞机从 30 多个机场和 6 艘航母上起降，涉及 120 多条空中航线、600 多个航空管制区和 300 多个导弹交战空域。近百条空中攻击走廊和空中战斗巡逻区，还涉及 6 个国家的民航航线。每天要对伊拉克上千个目标进行轰炸。从确定各波次攻击起降时间、空中航线和作战区域以及攻击目标的分配，直到攻击执行情况的反馈、评估等，每天需要处理 152 000 多份电报，70 万个电话。美军利用了世界上最先进的计算机系统所提供的大型智能平台和 C^4ISR 自动化指挥系统，完成了超大容量的信息处理，赢得了战场信息优势。②

同样，在科索沃战争和阿富汗战争中，由于美军夺取和保持了全时空的信息优势，因而以较小的代价实现了其作战目的。战争实践不仅使人们越来越充分地认识到物质、能量和信息在战争中的作用将发生革命性变化，而且使人们清晰地看到了信息、信息系统和信息化武器装备的巨大作用。

---

① ［美］托马斯·A·基尼　艾略特·A·科恩著，白华译：《战争的革命——海湾战争的空中力量》，国际文化出版公司、北方妇女儿童出版社联合出版 2001 年版，第 240 页。

② 军事科学院军事历史研究部：《海湾战争全史》，解放军出版社 2000 年版，第 271～281 页。

信息化战争中信息的核心作用超过以往任何战争形态。战争中，军事行动能否有效地组织与准备、战略战役战术计划能否顺利执行、兵力兵器的部署是否合理、各种软硬杀伤是否准确有效，都将取决于信息的获取、传输、处理和使用的速度、数量和质量。谁在交战中获取信息数量越多、处理速度越快、使用信息越精确，谁就将拥有战争的主动权；反之，就会处处被动挨打，受制于人。能否获得制信息权，直接影响到战争进程和战争的最终结局。因此，要获得信息化战争主动权，首先要夺取战场制信息权。

（二）增强质量效能

战争自产生以来，就沿着能量释放不断扩大的轨迹发展演变，由冷兵器时期的体能到热兵器时期的化学能、机械能，能量的载体由人体拓展到机械，但追求能量释放无限扩大的本质一直没有改变。工业时代大规模的能源开发、机器生产和人口增长，使火力、机动力、兵力等物质性、能量性的战斗力要素极度扩张。对战争胜负产生重大影响的，是战役军团及其所拥有的坦克、飞机、火炮、军舰等武器平台的数量叠加和规模扩大。战斗力靠装备数量的累加来形成和保持，战争中双方都力求投入"大兵团"，通常几十万或上百万军人在同一战场上厮杀。拿破仑的名言"多兵之旅必获胜"一直是各国军事指挥员遵循的信条。当战争形态演化到机械化以至核能化阶段时，能量释放几乎达到了极限。

然而，以信息技术为核心的高新技术的崛起和在军事领域的广泛运用，为战争的演变带来了新的机遇，也为战争的制胜提供了新的途径及其手段。由于信息主导了传统能量的释放方式，使之从注重能量的极度扩张转向对能量的有效控制，也就是以信息提高物质与能量的运行效率。于是，信息化战争开始追求信息主导下的高效能，双方各种资源的使用都讲究效费比，投入战场的兵力兵器也在相对减少，并越来越趋向于小型部队作战。过去那种规模宏大的坦克大会战在信息化战争中将越来越少，小规模的作战行动和高效益的攻防行动就能有效地达成一定的战略目的，战争中兵力兵器数量将大大减少，战争效益将大幅度提高。

美国陆军军事学院战略研究所高级研究员道格拉斯·约翰逊博士指出："如果你有机会到葛底斯堡，你可以站在葛底斯堡的高处，察看一下这个古战场，1863年美国内战时曾有20万人在这里战斗；今天我们大约只用150人就可以控制整个这一地区；到2025年我们将只需10人。这就是我们在谈论的革命！"① 信息化不仅将改变作战方式，也将改革军队编制体制。要夺取信息化战争作战优势，必须走质量建军之路，缩小数量规模，提高质量效能。

（三）强化精兵作战

信息化战争与机械化战争的区别，从本质上说，主要是追求能量释放的方向发生了变化。"机械化"追求能量释放的极限化，"信息化"则追求能量释放的精确化，二者分别代表了两种不同战争形态下的战场对抗形式。与大兵团、大毁伤、大消耗的机械化战争不同，信息化战争更加追求对能量的精确控制，强调作战力量的精确使用、作战时间的精确利用、作战行动的精确到位、作战过程的精确控制、作战效果的精确生成。在快速达成战争目的的同时，最大限度地降低战争消耗和附带损伤。

在近场几场局部战争中，精确打击作为一种新型作战样式，已正式登上现代战争舞台。伊拉克战争中，美英联军在伊拉克战场上共投掷了2.9万多枚各种弹药，其中精确制导弹药约占68％，明显高于海湾战争的8.4％、科索沃战争的35％和阿富汗

---

① 参见《生活时报》2000年10月7日。

战争的60%。① 这主要归功于以精确制导武器为代表的信息化武器装备,这些信息化装备凭借着计算机的自动化、智能化控制,对打击目标具有很强的搜索、认知、辨析能力以及灵敏的反应能力,能够做到发射后自动寻的并摧毁目标,命中精度可以达到米级以内。

目前,精确制导武器已基本覆盖了整个火力打击武器系统,形成了一个庞大的武器家族。主要包括:巡航导弹、空地导弹、防空导弹、空空导弹、反坦克导弹、反舰导弹、反潜导弹、制导鱼雷、制导水雷等。随着信息技术和发展,精确制导武器还在向着高精度、智能化、远射程、隐形化、高速化、通用化的方向发展。以信息技术为核心的精确制导技术使武器的命中精度每提高一倍,它对目标的毁伤力将比原来提高4倍。据估计,采用新型精确制导技术的新一代精确制导武器,其命中精度将比现有武器系统提高一个数量级,打击效果则将提高2个数量级。

随着信息技术的发展,精确制导武器的制导精度更高,并将实现了发现即摧毁。发展精确制武器,增强精确作战能力,将成为信息化战争制胜的重要手段。

(四)注重体系破击

现代战争是体系和体系的对抗。信息系统将预警侦察系统、指挥控制系统、精确打击系统以及综合保障系统等融为一个有机整体,形成整体作战体系。信息化战争不再是单一作战力量、单一作战单元、单一作战要素之间的对抗,而是体系与体系的对抗。各种作战能力之间相互制约相互联系,环环紧扣,某一节点、某一要素毁伤,也会引发整个作战体系紊乱、无序甚至崩溃。

美国兰德公司在对"网络中心战"的研究中认为:无处不

---

① 樊高月:《伊拉克战争研究》,解放军出版社2004年版,第124~129页。

在的网络，必然出现无处不在的弱点，在利用信息网络技术获得信息优势的同时，由于网络系统固有的脆弱性也使得它的作战能力变得不堪一击。因此，运用体系破击机理，就可以发展"精打要害""毁网破链"等战法。"精打要害"，就是抓住影响战争全局的目标点，击穴瘫身，以"点"制面，破敌体系；"毁网破链"，就是通过打击或控制敌方网络化信息系统的通信网、雷达网和指挥中心等关节点，切断敌作战体系运转的信息链，从而瘫痪敌方的作战体系。

信息化条件下，只有把强敌打"瞎"、打"聋"、打"瘫"，才能寻求歼灭战良机。确立以破坏、瘫痪敌战场识别系统、战场信息系统、指挥控制系统等为主要作战目标的瘫痪战、控制战的作战思维和理念，才能为赢得作战胜利创造条件。

（五）加强心理攻防

"用兵之道，攻心为上，攻城为下；心战为上，兵战为下"。自古以来，心理战在战争中享有重要的战略地位。高明的政治家、军事家无不重视心理战，并把其作为制胜的重要手段。随着信息技术的发展，信息化战争中的心理攻防的形式和内容正发生深刻变化。

信息化背景下的全新作战理念，使心理攻防的作用上升至国家军事战略层面。伊拉克战争表明，现代心理战的发展已不仅仅为了取得简单的宣传效应，而是已经成为国家战略的一个重要组成部分。"9·11"事件之后，美国就将伊拉克列为"邪恶轴心"，美国务院心理战略局及其控制的电台、报纸、出版物、电影和电视的国际交流署，就开始从战略上将心理战的锋芒直指萨达姆政权，以主导国际舆论，为其进行军事打击作政治铺垫。在战争爆发前，美军就制定了周密的心理战计划，并将其纳入国家总体政策之中，从政治、经济、外交、军事等多个层面对伊实施协调统一的心理战行动。战争爆发前一个月，美总统签署命令，

第二章 战略指导：以新形势下军事战略方针为统揽

成立全球宣传办公室，专门推动与国外电台、电视台的合作，争取海外舆论支持其对伊动武。战争过程中，心理攻防更是一刻也没有停止。而且，心理战的宏观策动层次已上升为国家和军队的最高战略决策层，并且将主要攻击目标直接指向对方的最高战略决策者。

信息化条件下心理攻防时空更加广阔。在作战空间上，跨越了国家、地域，突破了前方与后方、战区与非战区的界线，呈现出一体化态势；在作战时间上，摆脱了时间的限制，不分平时战时，随时随地都可能发生，真正做到了全天候、全时域、全方位、不间断地进行。在信息化战争的心理攻防中，由于卫星电视转播、无线电广播、网络信息技术等信息化手段的运用，使心理攻防的时空大大拓展。在海湾战争中，美军把第四心理战大队派往战区配合军事打击开展心理战攻势。"海湾之声"无线广播电台从地面和空中每天播音达18小时，持续40天。美空军FC-10"能飞的独奏曲"心理战飞机，可转播无线电台和电视节目，成为海湾战争中作用显著的心理战武器。为提高收听率，美国研制了一批固定频率的收音器，向伊拉克空投15万台。[①] 同时，美军还采用电子战器材来压制伊拉克"巴格达之声"电台的播音，使伊拉克军政领导人难以向军队和居民通告有关前线和国家形势的情况。动用了5种以上飞机和多种火炮，共向伊军投撒了33种不同内容的2 900万份传单，[②] 告诫伊军士兵远离武器装备和阵地，免遭轰炸。直升机搭载会讲阿拉伯语的人，用扩音器对伊军喊话，促使伊军投降。伊军认为，心理战对部队的士气是一极大威胁，其威力仅次于联军的轰炸。

在信息化条件下，心理战可通过网上宣传、恫吓、欺骗、诱

---

① 马忠主编：《高技术战争心理战经典战例评析》，海潮出版社2007年版，第76~83页。
② 马忠主编：《高技术战争心理战经典战例评析》，海潮出版社2007年版，第85页。

惑、收买、威慑等手段，从政治、经济、文化、军事等各个方面影响人的意识和情感。既可以政府、军队名义发布各种信息，也可以个人任意表达自己意愿；既可以只对军人实施心理攻击，也可扩大心理打击范围，对平民百姓施加心理影响；既可进行心理进攻，也可以实施心理防护。其作战对象突破了主要是针对军人的传统战争范围，扩大到既针对敌国作战部队也针对敌国的民众，甚至将心理战指向与作战对象友好的国家和地区，指向中立国和与敌国相邻的周边国家及整个国际社会。

随着信息技术的不断发展，卫星定位测向、电视转播技术、计算机信息处理技术、网络技术、信号模拟和失真技术、声像技术等高新技术手段被广泛用于心理战，其综合作战效果得到了极大提升。特别是网络技术以网络渗透、信息威胁的方式实施心理攻击，加大了攻击范围和攻击深度。

总之，信息化条件下，心理攻防手段的技术含量越来越高，信息散布的范围越来越大，信息传播的速度越来越快，时效性和直观性越来越强，呈现出大含量、高强度、快速度的特点，使人的心理判断能力降低，心理负荷加重，造成严重的心理恐慌和心理紊乱，从而使心理战的效果更加显著。因此，高度重视信息化条件下的心理作战，成为信息化战争制胜的重要因素。

（六）发挥人民战争威力

不论形势如何发展，人民战争这个法宝永远不能丢。要把握新的时代条件下人民战争的新特点新要求，创新内容和方式方法。

面对现代战争的新变化，必须坚持全民办国防的方针，实行精干的常备军和强大的后备力量相结合。建立健全与国防安全需要相适应、与经济社会发展相协调、与突发事件应急机制相衔接的国防动员体系，加强经济、科技、信息和交通动员。提高预备役部队和民兵建设质量，调整优化规模结构、力量布局，改善武器装备，推进训练改革，努力建设一支平时能应急、战时能应战的强大后备力量。创新人民战争的内容和形式，探索人民群众参战支前的新途径，发展信息化条件下人民战争的战略战术。坚持军民结合、寓军于民，积极推进各个领域的军民融合，逐步形成在重大基础设施、海洋、空天、信息等关键领域军民融合发展格局，走出一条中国特色军民融合式发展路子。

总之，随着以信息技术为核心的高新技术发展，现代战争的面貌正在发生深刻变化。这些变化看上去眼花缭乱，但背后是有规律可循的，根本的是战争的制胜机理变了。必须强化信息主导、体系支撑、精兵作战、联合制胜的观念，发展具有我军特色的作战理念和作战思想，跟踪现代战争演变趋势，研究现代战争机理，把握现代战争特点和规律，努力提高战争指导水平。

第三章

标定方位：坚持战斗力这个唯一的根本标准

战斗力是武装力量遂行作战任务的能力①。强军之"强"，说到底是打赢能力强，是战斗力强。习近平主席深刻指出："要牢固树立战斗力这个唯一的根本的标准，全部心思向打仗聚焦，各项工作向打仗用劲，确保部队召之即来、来之能战、战之必胜。"②"唯一的""根本的"这个双重定语，就像经线和纬线，标定出战斗力建设在强军兴军征程中的历史方位；就像一条横轴和纵轴，确立起战斗力标准这个衡量部队一切工作的时代坐标。全军官兵紧紧围绕战斗力这个唯一的根本标准，对接明天战争、对接部队任务、对接个人岗位，坚持问题导向，深入研讨辨析，清除了一些多年"盘踞"在官兵头脑深处、部队建设实践中制约战斗力提升的思想锈蚀和观念沉疴，全军上下形成了练打赢、谋打赢的正确导向，极大激发了广大官兵建设部队、献身使命的热情，有效带动着各项建设朝着强军打赢推动和落实。

---

① 《中国人民解放军军语》，军事科学出版社 2011 年版，第 10 页。
② 习近平同志在十二届全国人大一次会议解放军代表团全体会议上的讲话《牢牢把握党在新形势下的强军目标　努力建设一支听党指挥能打胜仗作风优良的人民军队》，载于《解放军报》2014 年 3 月 12 日。

第三章　标定方位：坚持战斗力这个唯一的根本标准

一、强军之要、要在标准

标准就是衡量事物的准则、尺度。标准不立，思想不一；思想不一，事业不成。军队能打胜仗，根本的是要有很强的战斗力。军队各项建设，最终都要有利于提高战斗力。如果不能落到这一点上，军队各项建设就失去其全部意义和价值，做得再多也是虚功。把战斗力作为军队建设唯一的根本标准，牵住了军队各项建设的"牛鼻子"，确立了军队各项建设的铁的标尺，是对我党关于战斗力理论的创新发展，是新的历史条件下实现强军目标的内在要求，是纠正战斗力建设中问题积弊的刚性举措。

（一）党的战斗力理论的创新发展

我党历代领导集体高度重视军队战斗力建设。在长期革命战争和军队建设实践中，党始终坚持把马克思主义关于战斗力的基本理论与中国革命战争和人民军队建设实践相结合，创造了具有中国特色的战斗力建设理论。

毛泽东同志把马克思主义关于战斗力的普遍原理与中国革命的具体实践相结合，把提高军队战斗力作为夺取胜利的根本性条件。1928年11月，毛泽东同志在《井冈山的斗争》一文中就提出了有关战斗力的概念，指出："红军必须继续在武器上给赤卫队以帮助。在不降低红军战斗力的条件之下，必须尽量帮助人民武装起来。"[①] 毛泽东同志强调，要想获得战争的主动权，就必须拥有具有强大战斗力的军队。抗日战争爆发后，毛泽东同志进一步把"提高主力军的战斗力"作为全民族的紧急任务提出了出来。在党的七大报告中，毛泽东同志明确指出："应当扩大解

[①] 《毛泽东选集》第2卷，人民出版社1991年版，第66~67页。

放区的军区、游击队、民兵和自卫军,并加紧整训,增强战斗力,为最后打败侵略者准备充分的力量。"① 抗战后期,在国民党准备向我解放区进攻、抢夺抗战胜利果实的形势下,毛泽东同志紧急指示我军,"解决敌伪后,主力应迅速集结整训,提高战斗力,准备用于制止内战方面。"② 新中国成立后,毛泽东同志明确提出要建设现代化国防,领导我军发展现代化武器装备,加强部队正规化建设,实施统一的指挥、统一的制度、统一的编制、统一的纪律、统一的训练,完成了由单一军种向诸军兵种合成的转变,促进了军队战斗力的重大发展。

邓小平同志十分重视军队的战斗力建设问题。1975 年,他提出"军队要整顿",目的就是要恢复老红军的优良传统,排除各种影响军队战斗力的不利因素。在 1980 年的中央军委常委扩大会议上,邓小平同志严肃发问:"我们军队有没有战斗力?一旦有事行不行?我讲的不是像自卫还击战这样的事,这样的事好应付。如果从我们面临的更强大的对手来说,衡量一下我们的战斗力,可靠性怎么样?"③ 他明确指出:要"精简军队,提高战斗力。"在 1982 年的中央军委座谈会上,他再次强调:"军队就是提高战斗力"④。战斗力标准的确立,肃清了一部分人对战斗力的错误认识,极大地推动了新时期我军战斗力建设,使我军战斗力建设步入迅速恢复和快步发展的轨道。

进入 20 世纪 90 年代,微电子技术、计算机技术、新材料、新能源等高技术迅速发展,一场以军事技术变革为动力的新军事革命席卷全球。江泽民同志敏锐洞察这一变革趋势,明确提出,科学技术是第一生产力,也是非常重要的战斗力。加强军队现代

---

① 《毛泽东选集》第 3 卷,人民出版社 1991 年版,第 1090 页。
② 《毛泽东军事文集》第 3 卷,军事科学出版社、中央文献出版社 1993 年版,第 1 页。
③ 《邓小平文选》第 2 卷,人民出版社 1994 年版,第 284 页。
④ 《邓小平文选》第 2 卷,人民出版社 1994 年版,第 285 页。

化建设的关键，是实施科技强军战略，核心内容是把依靠科技进步提高战斗力摆在国防和军队建设的战略位置，实现军队建设由数量规模型向质量效能型转变、由人力密集型向科技密集型转变。"一定要努力建设一支政治合格、军事过硬、作风优良、纪律严明、保障有力的战斗力很强的人民军队。"①

新世纪新阶段，以信息技术为核心的高新技术进一步发展，世界新军事革命日益走向深入。胡锦涛同志敏锐洞察信息技术突破性发展引发战斗力生成模式由机械化向信息化转变的时代趋势，明确指出加快转变战斗力生成模式是关系国防和军队建设全局的重大战略任务，是解决我军建设两个"不相适应"主要矛盾的内在要求，是推动国防和军队建设科学发展的必由之路。在2010年底一次重要会议上，胡锦涛同志针对这一问题进行了全面阐述和进一步强调，明确指出：要把加快转变战斗力生成模式作为"十二五"时期国防和军队发展的主线贯穿军队建设、改革和军事斗争准备全过程、各领域，把战斗力生成模式切实转到以信息为主导，以新型作战力量建设为增长点，提高基于信息系统的体系作战能力上来，转到依靠科技进步、提高官兵素质、管理创新上来，转到走军民融合式发展路子上来，在新的起点上推动国防和军队现代化建设又好又快发展。胡锦涛同志关于加快转变战斗力生成模式的战略思想，是我们党在新的历史条件下对军队战斗力建设理性认识的创新成果，是国防和军队建设贯彻落实科学发展观的重要体现，标志着我们党对军队战斗力建设理论的不断创新发展。

党的十八大的召开，吹响了在新的历史条件下全面建成小康社会、加快推进社会主义现代化的号角。面对建设与我国国际地位相称、与国家安全和发展利益相适应的巩固国防和强大军队的战略任务，习近平主席深刻指出："坚持把战斗力标准贯彻到全

---

① 江泽民：《论国防和军队建设》，解放军出版社2003年版，第30~31页。

军各项建设和工作之中。这是我们在工作指导上需要把握的一个带全局性、方向性的问题。"① 要"牢固确立战斗力这个唯一的根本的标准"②,"军队建设必须把提高战斗力作为出发点和落脚点,向能打仗、打胜仗的要求聚焦。"③ 确立"战斗力这个唯一的根本标准",内涵丰富深刻,意义十分重大。

第一,阐明了统揽国防和军队建设全局的"唯一""根本"的标准。"唯一"强调的是专属性、排他性,任何因素都不能干扰、替代甚至损害这个标准,舍此以外而无其他领域。军队建设的各项实践活动,其具体标准可以不尽相同,但共同的根本标准只有一个,即战斗力。"根本"强调的是本源性、基础性,一切工作都要从这里出发、向这里落脚,用这个来检验和衡量,一丝一毫也不能偏移。在军队建设的各项实践活动中,战斗力这个贯通和总揽全局的唯一标准是带基础性和支配性的,是管根本、管方向的。"唯一的""根本的"双重定语,就像两条垂直相交的横纵坐标,明确了战斗力标准在军队建设中无可替代的地位和作用。只有把战斗力标准树起来,国防和军队建设的各个方面才能各归其位、各负其责,才能形成我军能打胜仗的强大合力。

第二,明确了国防和军队建设的头等大事。习近平主席强调,军队是要打仗的,而且是要能打得赢的。将来一旦有战争,我军能不能做到攻必克、守必固,战无不胜,关键在于军队战斗力,这是国防和军队建设需要解决的头等大事。这就把战斗力建设摆在了国防和军队建设第一要务的战略高度,无论什么时候,无论什么工作,都不能影响和动摇战斗力的建设。这就使得国防和军队建设能够力排各种干扰和障碍,始终围绕战斗力来展开、来推进。

---

① 《深入学习贯彻党的十八大精神军队领导干部学习文件选编》,解放军出版社2013年版,第176页。
②③ 《深入学习贯彻党的十八大精神军队领导干部学习文件选编》,解放军出版社2013年版,第230页。

第三章　标定方位：坚持战斗力这个唯一的根本标准

第三，确立了国防和军队建设各项工作的聚焦点。国防和军队建设各项工作各有其侧重点，但必须向一个方向聚焦。只有各项工作向战斗力聚焦，才能形成强大的合力，聚焦起强大的能量，同时防止工作走偏、离向。习近平主席强调，国防和军队建设必须把提高战斗力作为出发点和落脚点，向能打仗、打胜仗聚焦。这就深刻指出了国防和军队建设的中心点、凝聚点，从而确保我军军事工作、政治工作、后勤工作、装备工作，都应围绕提升战斗力来展开。习近平主席把提高战斗力作为军队建设的出发点和落脚点这个总管全局的高度进行强调，这就从根本上解决了贯穿国防和军队建设全局和各项工作全过程的根本性战略指导问题，从而使各项工作具有了鲜明的指向和聚焦的中心。

第四，立起了衡量和检验国防和军队建设成效铁的标尺。国防和军队建设发展情况如何、成效如何，怎样检验？怎样评估？习近平主席强调，要把坚持用是否有利于提高战斗力来衡量和检验各项工作，健全完善各项工作考核评价体系；国防和军队建设如果不能落到提升战斗力这个根本出发点和落脚点上，就失去其根本意义和根本价值，做得再多也是虚功！这就从根本上解决了衡量和检验国防和军队建设成效的标准问题。战斗力检验标准的确立，极大地推动全军形成能打仗、打胜仗的正确导向，教育和引导着全军部队排除一切干扰，聚焦战斗力、生成战斗力、提高战斗力，使战斗队意识在官兵头脑中深深扎根。坚持用是否有利于提高战斗力来衡量和检验各项工作，极大地促进了全军进一步解决好影响战斗力生成提高的思想观念、体制机制等方面的突出矛盾和问题，形成更加明确的政策导向、舆论导向、工作导向、用人导向、评价导向、激励导向，以刚性措施推动战斗力标准硬起来、实起来，推动军队建设不断取得实质性进展。

习近平主席关于"战斗力唯一的根本标准"的重要思想，

坚持和发展了我们党一以贯之的战斗力建设的指导思想和方针原则，凝结了我军建设发展的基本经验、永恒主题和根本优势，反映了强军目标的核心要求，抓住了部队建设的关键，开辟了党的军事指导理论新境界。

（二）实现强军目标的必然要求

建设一支听党指挥、能打胜仗、作风优良的人民军队，是党在新形势下的强军目标。强军之路的宽度和厚度是由战斗力标准的高度和硬度决定的。战斗力标准的起点高、落点实、要求严，强军之路就能开拓得更宽、更广、更长。走中国特色强军之路的顶层设计是"三步走"战略构想，目前我们正在走第二步，即党的十八大报告提出的："加紧完成机械化和信息化建设双重历史任务，力争到二〇二〇年基本实现机械化，信息化建设取得重大进展。"从现实看，我们离这一步还有差距，还需要付出艰苦努力。只有把战斗力标准牢牢树起来，扎扎实实推动战斗力建设，才能确保战略构想真正变为现实。

第一，牢固确立战斗力唯一的根本标准，是我军听党指挥的必然要求。听党指挥绝不是一句空洞的口号，而是要体现于忠实有效地履行好党所赋予的职责使命。军队对党忠诚、听党指挥，根本的是要实现党在军事领域的意志和主张，始终成为保卫国家安全的钢铁长城。任何时候，军队只有具备强大战斗力，做到党一声令下就"召之即来、来之能战、战之必胜"，才谈得上忠诚可靠，才算是交出了听党指挥的合格答卷。可见，牢固树立战斗力这个唯一的根本的标准，以更好生成和提高战斗力，这是我军听党指挥的内在要求和体现。只有从贯彻战斗力标准入手，紧贴战斗力建设实践做好各项工作，才能把官兵忠诚于党的政治热情引导到为战斗力建设作贡献上来。

第二，牢固确立战斗力唯一的根本标准，是我军能打胜仗的必然要求。军队打胜仗靠的是战斗力，而战斗力是由诸多因素构成的。在体系与体系较量的现代战争中，战斗力构成要素无论哪个方面出现问题，都可能影响战争结局。因此，我军要真正做到能打胜仗，就必须把战斗力作为唯一的根本的标准立起来落下去，使各项建设和工作都成为战斗力的增长点。我军革命化、现代化、正规化，都应围绕提升战斗力来推进，防止各走其道；陆、海、空、电、磁体系建设，都应围绕提升战斗力来加强，防止各唱其调；人的因素、物的因素、人和物相结合的机制因素，都应围绕提升战斗力来优化，防止各使其招。总之，要通过全面贯彻战斗力标准，切实提高军队打赢能力。

第三，牢固确立战斗力唯一的根本标准，是我军作风优良的必然要求。作风优良，是我军作为一个战斗队的必备条件。目前在部队建设中，不良风气问题仍然存在，这与战斗力标准严重缺位有很大关系。实践证明，战斗力要靠良好风气来滋养，而战斗力标准也是校正军队风气的有力杠杆。坚持战斗力高标准，就意味着要给良好风气开"绿灯"，给不良风气亮"红灯"。通过全面发挥战斗力标准的刚性导向作用，使一切有利于战斗力建设的积极因素都得到褒扬，使一切有碍于战斗力建设的消极因素都受到贬斥。从而使部队进一步形成求真务实、严格要求、清正廉洁的好风气。

（三）纠治顽疾积弊的刚性举措

这些年来，我军战斗力建设取得了很大成绩，部队作战能力有了很大提高。在肯定成绩和进步的同时，我们也要看到，由于种种因素的影响，影响和制约战斗力的矛盾问题仍十分突出。只有牢牢确立战斗力这个唯一的根本标准，才能下大气力解决问题积弊，促进战斗力的生成和提高。

由于长期和平环境，一些官兵不同程度地存在当和平兵、做和平官的想法，危机意识淡薄，思想和精神懈怠，甚至产生了仗打不起来、打仗也轮不上我的心态。一些官兵吃苦精神退化、战斗意志松懈，部队管理松懈、作风松散、纪律松弛。这就迫切要求我们加强马克思主义战争观我军根本职能教育，解决好官兵为谁扛枪、为谁打仗，当兵干什么、练兵为什么等根本性问题，真正使战斗队意识在官兵头脑中深深扎根，真正使战斗力唯一的根本标准在全军进一步牢固确立起来、长期坚持下去。

由于受拜金主义、享乐主义等腐朽文化思潮影响，"信仰缺失、精神迷茫；任人唯亲，结党营私；以权谋私，疯狂敛财；个人主义，自由主义；口是心非，阳奉阴违；形式主义，官僚主义；假公济私，搞自特殊化；文恬武嬉，玩物丧志；本位地义，分散主义；与民争利，侵害群众"等问题没有根除，严重削弱了军队战斗力建设。特别是个别身处高位、掌握重权的军队领导干部，生活腐化、滥权妄为，对军队的战斗力凝聚力生命力造成严重损害，到了不可容忍的地步！

直面我军战斗力建设中存在的突出矛盾和问题积弊，必须猛药去疴、清除积弊。按照习近平主席要求，"要把理想信念在全军牢固立起来，要把党性原则在全军牢固立起来，要把战斗力标准在全军牢固立起来，要把政治工作威信在全军牢固立起来"，切实把全部心思聚焦到能打仗打胜仗上来，聚焦到提高战斗力上来，凝聚军心士气、激励战斗意志、塑造优良作风、锻造打赢能力。

在党中央、习近平主席和中央军委坚强领导下，我军牢固树立战斗力这个唯一的根本的标准，强力清扫顽疾积弊，解决了一些多年来一直想解决但一直没有很好解决的问题，解决了许多过去认为不可能解决的问题，军队战斗力建设中迈出了坚定的步伐、开创出崭新的局面。

"叶挺独立团"弘扬优良传统锻造"四铁"过硬部队。① 部队充分挖掘自身红色资源，加强传统教育和理论武装，对"和平

---

① 参见《解放军报》2016年11月13日。

积弊"进行检讨反思,"铁军"精神入脑入心,并由此催生履行使命的强大动力。官兵对照革命先辈反思打仗意识强不强、对照英雄业绩反思打赢本领硬不硬、对照"铁军"战史反思备战标准高不高,认真查找与实战化要求的差距,"岗位大练兵、技能大比武、素质大排名"练兵活动的热潮持续升温。在弘扬优良传统中不断凝聚强军意志、汇聚强军力量,使部队常葆生机活力,团队建设节节攀升。

南海舰队某驱逐舰支队深化基础训练、加强战法创新提升部队战斗力[①]。紧盯战争形态转型,该支队重新规范了33项重点基础科目具体要求,组织支队各型主战舰艇进行曲折转向中的编队火炮射击、极限距离上的火炮对岸射击、大深度自由搜攻潜等难点科目专项训练。着眼未来作战需求,把新老装备的技术战术性能异同逐一拉单列项比对,搜集完善海区战场资料,逐步建立健全新装备战法训法重难点问题档案和8个专项数据库,通过数学建模、定量分析来支撑战法创新,指导训练、牵引训练。围绕新型武器装备的新特点,坚持战法训法研究,以创新牵引训练、以训练支撑创新,先后完善改良30多项战法训法,部队实战能力得到提升。

塞北草原,多支陆军合成旅挺进朱日和,一番番鏖战如火如荼;远海大洋,海军三大舰队互为对手多维对抗,一轮轮攻防惊心动魄;西北戈壁,空军"金飞镖"争夺战硝烟正浓,一次次突击雷霆万钧;大山深处,火箭军新型导弹旅排兵布阵,一枚枚长剑引弓待发……全军官兵紧紧扭住能打仗、打胜仗这个强军之要,牢固树立战斗力这个唯一的根本标准,真抓实训,真打实备,战斗力建设呈现出崭新面貌。

---

① 参见《解放军报》2016年11月23日。

二、强化战斗力标尺的刚性

战斗力标准作为军队建设唯一的根本的标准,是部队建设用以衡量利弊、检验得失、决定取舍的标尺。加强战斗力建设,必须不断强化这一标尺的刚性和权威性,坚持用这一标尺来衡量我们的思想观念、政策制度和工作思路,坚决改变一切背离战斗力标准的陈规陋习,坚决破除一切束缚战斗力的利益藩篱,坚决革除一切影响和制约战斗力生成提高的体制机制弊端。

(一) 正确理解战斗力标准的内涵

战斗力是一个极其复杂的系统,它是由若干基本要素和具体要素按一定结构组合起来的有机整体。从构成的角度看,战斗力由人、武器以及人和武器的结合方式等要素组成。其中,人是战斗力诸要素中最活跃、最生动的决定性要素,是一种具有能动作用的力量。武器装备是构成军队战斗力的重要物质基础,是战斗力赖以生成和发挥的物质手段,是战斗力发展水平的客观物质标志。人和武器装备的结合方式主要包括军队体制编制、军事训练以及相应的军事管理方式、作战指挥方式、军事理论等多个方面。战斗力的生成和提高就是这些要素相互联系、相互作用、相互制约、相互促进的结果。战斗力要素中任何一个方面的素质与状态发生变化,都会对战斗力的生成产生影响。

人的素质。人是决定战争胜负的关键因素。从某种意义上说,人的素质的高低决定了战斗力的高低。人的素质包括政治素质、军事素质、科学文化素质和心理素质等方面。军队官兵整体素质高,这个军队的战斗力就强;反之就弱。同时,由于军队是为政治集团服务的武装集团,其素质高低的衡量标准也有些差异。特别是政治素质的要求更是如此。对于我军来说,政治素质高，就是要始终坚持党对军队绝对领导的根本原则和人民军队的根本宗旨，牢记军队历史使命、具有坚定的理想信念、战斗精神，具有听党指挥、服务人民、英勇善战的优良传统。坚持战斗力标准，必须把增强人的能力素质放在首位。

武器装备。武器装备是战斗力的重要物质基础。信息化战争条件下，武器装备的地位不断提高，物质因素在战争中的基础性作用也达到前所未有的程度。武器装备先进与否，武器装备的杀伤力、精确打击能力的高低，海陆空各武器装备平台匹配得当与否，结构是否合理，数量是否充足，人员使用高性能武器装备的熟练与否，都反映了战斗力的高低。特别是随着军事技术不断发展，武器因素的重要性在上升。提高军队战斗力，必须关注科学技术影响，更加积极主动地瞄着明天的战争来加快发展武器装备，提高国防科技创新对战斗力的贡献率，并注重人与武器装备的有机结合。

体制编制。系统论认为，结构决定功能，相同量的物质或人员，通过不同的排列组合，能形成不同的结果。这一原理运用于军队建设，就是体制编制也影响着军队战斗力，影响着军队建设的质量效益。科学的组织模式、合理的制度安排、优化的结构比例和富有活力的运作方式，可以发挥出更大的战斗力。反之，组织模式陈旧、政策制度滞后、军队规模结构比例失调，战斗力也必然受到影响。近年来，我军积极推进中国特色军事变革，军队战斗力逐步提高。但领导管理体制不够科学、联合作战指挥体制不够健全、力量结构不够合理、政策制度改革相对滞后等深层次矛盾和问题还没有得到根本性解决，制约了军队战斗力建设。这些问题不解决，军队战斗力是无法高效提升的，军队是打不了仗、打不了胜仗的。解决这些"长期积累的体制性障碍、结构性矛盾、政策性问题"，改革是根本出路。通过深化国防和军队改革，完善军队组织体制和力量结构，进一步解放和发展战斗力，进一步解放和增强军队活力。习近平主席深刻指出，我们要树立

着力提高信息化条件下威慑和实战能力

向改革要战斗力的思想,把改革主攻方向放在军事斗争准备的重点难点问题上,放在战斗力建设的薄弱环节上;要坚持用战斗力标准衡量和检验改革成效。习近平主席这些重要论述,为我军从根本上突破战斗力建设瓶颈问题找出了治本之策,指明了科学的路径。在习近平主席的亲自领导下,国防和军队改革全面展开,"军委管总、战区主战、军种主建"的新体制全面构建;撤销七大军区,成立"五大战区",联合作战指挥体系不断完善;成立陆军领导机构,成立火箭军、战略支援部队、联勤保障部队,"军种主建"体制不断完善;部队力量结构不断优化、政策制度改革配套展开。随着国防和军队改革的不断深化,制约战斗力的瓶颈问题逐步化解,一切战斗力要素的活力竞相迸发,我军现代化建设的源泉充分涌现。

军事训练。军事训练是军队和平时期最基本的实践活动,是战斗力生成的主渠道。科学严格的军事训练是培养指挥员组织指挥能力的基本方式,是提高官兵作战能力的基本途径,是锻造部队英勇顽强战斗作风的最佳场所,是孕育新的军事理论和作战方法的活水源头。军事训练是生成和提高战斗力的基本途径,军事训练水平上不去,军事斗争准备就很难落到实处,部队战斗力也很难提高。坚持战斗力标准,必须把军事训练放在战略位置抓紧抓好。

军队管理。科学管理出战斗力,这是世界各国在军队建设中形成的一个共识。军队管理是构成战斗力的重要因素,是战斗力标准的重要内容。军队管理科学,管理手段先进、管理制度健全、管理法规完备,部队建立正规的战备、训练、工作和生活秩序,就能不断促进军队战斗力水平的提高,促进军队建设效能的提高;相反,管理松懈,方法陈旧,制度不明,法规不清,没有质量效益观念,继续沿用机械化战争的那种传统的人力密集型、数量规模型的管理模式,军队没有凝聚力、向心力,军队战斗力也就难以有效提升,军队建设效能也就难以有效提升。在战争消耗巨大、技术要求很高的信息化战争的今天,管理效能在战斗力生成中的作用越来越大,对战争胜负的影响程度也越来越高。因此,推进以效能为核心的管理革命,提升军队管理的科学化水平,对于提高战斗力具有越来越重要的作用。

后勤保障。后勤保障是对军队的作战、训练、生活等所采取的后勤各专业劳动生产力保障,主要包括物资经费的供应,医疗救援、技术维修和运输保障等。"兵马未动,粮草先行"。后勤保障是打赢战争的基础条件,是构成战斗力的重要因素。战争越是信息化,对后勤保障的依赖也就越大。坚持战斗力标准,必须加强军事后勤建设。要围绕实现全面建设现代后勤总体目标,科学实施后勤建设重大工程,努力建设保障打赢现代化战争的后勤、服务部队现代化建设的后勤和向信息化转型的后勤。

政治工作。政治工作是战斗力建设的重要保证。搞好军队党的建设,是军队建设发展的核心问题,是军队全部工作的关键,关系到党的执政地位,关系到我军性质宗旨,关系到部队战斗力。坚持战斗力标准,必须发挥军队党的建设的"增强剂""功放器"作用,探索政治工作服务保证战斗力建设的作用机理,把政治工作贯穿到战斗力建设各个环节,保持战斗力建设的正确方向。

战斗力标准是"衡量战斗力强弱的准则。在军队建设中以是否有利于提高战斗力作为衡量一切工作的根本标准。是军队建设的重要指导原则"[①]。军队建设必须紧紧围绕提高战斗力这个根本要求,以是否有利于提高战斗力作为检验军队各项工作的根本标准。战斗力标准是具体的、客观的,也是综合的、不断发展的。

第一,战斗力标准是客观的。坚持战斗力标准这个尺子,就能准确检验军队改革和建设措施是否得当。做到凡是有利于提高

---

① 《中国人民解放军军语》,军事科学出版社2011年版,第10页。

战斗力的，就必须坚决坚持；凡是不利于提高战斗力的，就要坚决修正，甚至抛弃。要以战斗力标准，来衡量部队各项工作的得与失、是与非、成与败。

第二，战斗力标准是综合性的。一方面，战斗力是由多种要素构成的。任何一种要素都将对战斗力产生影响。因此要统筹兼顾，做好有利于提高战斗力的各项工作。另一方面，构成战斗力诸要素的地位作用又是不相同的。其中，最基本的要素是人和武器。要使人和武器有机结合，途径就是教育训练。因此，必须把教育训练摆到战略地位，作为部队的中心工作来抓。其他工作只能服从和服务于这个中心工作。

第三，战斗力标准是动态的，构成战斗力的每一种要素都是不断发展变化的，战斗力也由此而发展变化。从历史发展的总趋势看，战斗力随社会生产力的发展而发展，科学技术和武器装备的发展都将引起战斗力的发展，冷兵器时代军队的战斗力和今天军队的战斗力是无法比拟的。战斗力标准的动态性，要求在军队建设中要立足现实，着眼未来，正确处理好当前工作与长远目标的关系。坚持战斗力标准，是新形势下军队建设基本理论的发展和完善，也是新形势下确定的生产力标准在军事领域里的具体贯彻与运用。对于指导军队改革与建设，具有深刻的理论意义和重大的实践意义。

（二）充分发挥战斗力标准的导向作用

以战斗力为唯一的和根本的标准，充分反映了我军建设总目标和根本要求。必须充分发挥战斗力标准的导向功能和作用。

第一，充分发挥战斗力标准的目标导向功能。战斗力是军队履行职能使命的先决条件，是军队兴衰成败的决定力量。如果说强军目标是规划军队未来、统领部队建设的路线图，那么战斗力标准就是凝聚官兵力量、指引发展途径的方向标。树立战斗力标准不仅是实现强军目标的内在要求，更是其核心内容和主要支撑。面对我国面临的安全问题的综合性、复杂性、多变性显著增强的新形势，我们用什么托起强军之梦，靠什么坚定强军信心、拿什么投身强军实践？答案就是，牢固树立战斗力这个唯一的根本的标准，靠这个标准凝聚官兵力量，靠这个标准引领建设方向，靠这个标准牵引强军之行。

第二，充分发挥战斗力标准的行为导向功能。不同的社会组织有各自不同的行为指向和行为方式。作为武装集团的军队，它的行为的显著特点，就是具有暴力对抗性。在战时，这种对抗性表现为战场上的直接交锋；在平时，则主要表现为威慑与反威慑的斗争。军队必须通过符合对抗要求的实践活动来增强自身的力量，才能在现实和未来的对抗斗争中争取主动和胜利。把战斗力作为标准，军队就有了统一的规范，才能把全体人员的一切行为和活动都引导到增强战斗能力、提高对抗效果上来，起到行为导向的作用。把战斗力建设作为压倒一切的中心任务，按照服从和服务这个中心任务的要求摆正各项工作位置，确保这个中心任务不受任何干扰。

第三，充分发挥战斗力标准的价值导向功能。价值是人们根据一定的目的对事物的功效做出的评价。衡量价值需要借助于一定的标准，这种标准既是衡量价值的尺度，又是价值导向的工具。军队的价值就在于它能满足社会的安全需求，为国家和人民提供安全保障。军队产出安全效益的大小，与军队战斗力成正比例。战斗力越强，产生的安全效益就越大；反之，就越小。以战斗力为根本标准，不仅可以衡量出军队产出的安全效益的大小，而且可以端正军队的价值追求，引导广大官兵更好地去创造和实现军队自身的价值。把战斗力增长状况作为衡量和评估部队建设成效、实际工作业绩以及领导骨干素质的客观尺度。部队一切工作都是为战斗力，也都应服从战斗力。检验军队合格与否的考场是战场、标准是战斗力。战场打不赢，一切等于零。正因为我军几十年没有打仗了，缺乏在战争中学习战争的条件，才更需要确实把战斗力标准真正树立起来，始终作为刚性导向，作为硬性尺度，作为强性指标，来检验部队的建设和所有的工作。

（三）纠正不符合战斗力标准的"各种偏差"

从实际情况看，在战斗力建设中还有一些人受潜标准、伪标准、土标准的干扰影响，存在模糊认识，必须加以澄清和纠正各种"标准偏差"，使战斗力这个唯一的根本的标准真正立起来、扎下根。

第一，走出"完成工作任务就是标准"的认识误区。树立战斗力根本标准，着眼点应该是能打仗，落脚点必须是能打胜仗。但在个别单位、个别人思想中，仍存在完成任务就是根本标准的模糊认识，往往考虑应付任务多、应对打仗少，有的抓建设不是以战斗力为牵引，而是就任务抓任务，认为日常工作完成了就表明有战斗力，满足于完成既定工作任务；评价成效不是用战斗力衡量，而是用任务完成的天数人数次数来显示。当然，完成各项任务与提升战斗力有着紧密联系，特别是遂行抢险救灾、维稳处突、联演联训等多样化军事任务，本身对战斗力提升有直接推动作用，但简单地把完成任务情况与战斗力建设画等号，就会陷入对根本标准认识上的误区。必须从我军战斗队性质和职能使命高度，认清实现强军目标必须着力提升核心军事能力，真正把战斗力建设作为各项工作和建设的中心，始终着眼提升战斗力思考研究问题、部署开展工作。

第二，走出"不出问题是硬指标"的认识误区。当前，在一些单位，还存在这样的心态，抓工作，成绩出多出少不重要，但绝对不能出问题；有的甚至认为，不出问题，就是出成绩，就是衡量标准。有的考察班子、衡量工作缺乏辩证分析，不是看实际工作综合成绩，而是单纯看有没有发生事故问题；有的评比先进、使用干部搞问题一票否决，不问原因、不分责任，只要发生事故问题，单位就不能评先进。少出问题、不出问题，一定程度

第三章 标定方位：坚持战斗力这个唯一的根本标准

上反映和体现一个单位建设水平和战斗力水平，但把出不出问题绝对化，就难免会在思想认识上消极保安全，降低工作标准和训练难度，最终影响战斗力提升。因此，既要正确理解和把握安全发展与部队战斗力建设的关系，把解决问题作为提高战斗力的重要方法和途径，大力倡导各级在从难从严抓训练强管理中主动发现问题、揭露矛盾、纠治偏差；又要实事求是看待和处理部队发生的问题，区别性质、区分原因，科学分析评判造成的后果和影响，不搞一刀切，保护积极性。

第三，走出"把表扬肯定当标尺"的认识误区。现在，一些单位往往把得到多少上级领导的表扬、上级机关转发了多少材料作为工作衡量尺度，对需要久久为功、见效较慢的基础性建设用心不够。总结工作不是客观分析评估战斗力发展状况，而是大篇幅罗列领导表扬肯定；研判形势不是反思战斗力建设差距不足，而是想方设法设计打造领导关注表扬的亮点。领导表扬固然是对某方面某阶段工作的肯定，但未必是衡量全面工作主要尺度，抓战斗力建设，必须把符合上级意图与遵循规律一致起来，要把表扬肯定当激励，始终在夯实战斗力根基上下真功求实效。

第四，走出"亮点多建设形势就好"的认识误区。争第一、出典型，作为一种精神和作风值得提倡，但不能作为抓建设和工作的标准，更不能只求出名挂号，偏离战斗力全面建设轨道。现在，有的单位把竞赛名次当成"硬指标"，拼凑尖子搞"代表队"；有的只在能够获奖评先的强项上下功夫，只求单项冒尖、忽视整体提高；有的考什么训什么、比什么练什么，竞赛获奖不少但发展基础不牢。这种不从全面和长远考虑的急功近利思想，必然影响全面建设质量、忽视整体战斗力提高。必须树牢从能打胜仗出发的工作指导，遵循军事能力生成发展规律，不搞只为体现部门价值、与部队中心任务脱节的考评名目，引领形成全面抓建设、整体求发展的良好格局。

着力提高信息化条件下威慑和实战能力

三、以战斗力标准为鲜明导向

坚持把战斗力唯一的和根本标准确立为国防和军队建设鲜明导向,强化战斗力意识,用战斗力标准统筹各项工作,确保军队各方面建设,都向战斗力的方向聚焦;确保国防和军队建设的一切资源,都向提高战斗力的方向使用。

(一) 努力提高全军官兵的战斗意识

思想是行动的基础。有了很强的战斗意识,才能使全军官兵把提高战斗力作为自觉的行动,为军队的战斗力建设殚精竭虑。如果缺乏起码的战斗力意识,甚至对战斗力问题麻木不仁,不用心思,就不可能为我军战斗力的积累尽职、尽责、尽力,更不会为此做出牺牲。因此,要着重抓好军队根本职能教育。通过教育使广大官兵懂得,以"战"为主,是军队社会属性的本质规定,军队首先是战斗队,以武装手段消除国家面临的威胁,有效地捍卫国家利益,为国家提供安全稳定的环境,是建设军队的根本目的。而军队要有效地履行自己的职能,无论采取实战方式还是威慑方式,都必须有强大的战斗力。没有战斗力或战斗力不强军队就难以完成自己的历史使命。军队就会失去存在的意义。因此,要把战斗力视为军队的生命和价值所在,有强烈提高战斗力的使命。

为贯彻落实习近平主席关于战斗力建设的指示要求,根据军委统一部署,全军和武警部队掀起了一场广泛深入的战斗力标准大讨论。这场轰轰烈烈的群众性讨论活动,对部队战斗力建设带来了巨大而深远的影响,被官兵称为"军事领域的一次观念大解放、聚焦打仗的一次思想大发动、和平积习的一次全面大扫除"。经历大讨论的洗礼,各级党委班子谋划战斗力建设的思路更清晰了、领导机关聚焦战斗力标准统筹工作更有力了、部队上下练兵打仗的氛围更浓了，全军和武警部队战斗力建设呈现出向上、向好的喜人局面。

战斗力标准大讨论给官兵思想带来了巨大震撼。讨论活动中，各级组织官兵深入学习领会习近平主席系列重要讲话精神，增强官兵的责任意识、忧患意识，打牢坚持战斗力标准的思想根基。在此基础上，区分层次搞好对照检查和讨论辨析，把不符合战斗力标准的问题找出来、分析透。各级坚持不回避问题、不推卸责任，在讨论剖析中提倡红红脸、出出汗，揪出了一些多年"盘踞"在官兵头脑深处和部队建设实践中的沉疴顽疾，在部队上下刮起了一阵阵"头脑风暴"。

战斗力标准大讨论有力促进了部队战斗力建设的深入推进。各级把大讨论的成果转化到党委谋划决策、选人用人、力量统筹、资源配置等方面，落实到军事、政治、后勤、装备等工作中，用战斗力标准统任务、统时间、统力量、统资源，主业主抓、中心居中的态势更加鲜明，形成一切为了能打胜仗、全力以赴抓战斗力建设的工作局面。

（二）用战斗力标准来统筹各项工作

战斗力标准统筹各项工作，就是根据各项工作的性质及其在提高军队战斗力中的地位和作用，来确定其在部队整个工作中的位置，在各个时期的位置，在各个不同层次和单位的位置，使各项工作都能够按照战斗力发展的要求科学的运行。

第一，分清主次。虽然部队的各项工作都与战斗力相联系，但有的是经常性、基础性和根本性的，而有的则是间接性、阶段性的。因此，在工作安排上就应当有主有次，不能主次不分。更不能主次颠倒。军事训练是部队经常性工作的中心，应当始终不渝地把它摆在战略的位置上。

第二，分清轻重缓急。部队各项工作的发展，由于受着种种因素的影响，不可能总是保持均衡的状态，有时某一项工作可能成了影响战斗力提高的主要薄弱环节。当出现这种情况时，就需要我们根据各项工作的轻重缓急，适时进行调整。

第三，注意协调发展。在抓好主要工作、中心工作的同时，也要使其他工作能够在自己的轨道上正常运行。如果一般性影响的工作安排不好。也会影响部队主要工作、中心工作的落实影响军队战斗力的提高。因此，必须使各项工作协调发展。

（三）围绕提高战斗力全面建设部队

战斗力是由多种要素构成、并受多种因素影响，战斗力的增长是一个长期积累、"零存整取"的过程，要使战斗力标准更好地贯彻落实，使战斗力得到更快提高，就必须全面建设部队。一方面，必须注重整体建设。军队建设是一个整体，单项强不是真正的强，项项强才是真正的强。就一个单位来说是这样，就全军来说也是这样。因此，部队建设必须强调整体效益，强调单项建设以对增强整体效益有利为标准。这就必须纠正那种搞"单打一""一招鲜"，为了单项突出而牺牲整体利益的做法，树立整体观念，全面考虑部队建设。另一方面，必须注重长远建设。只有稳定持续的发展，才能保证军队战斗力以更快的速度增长。为此，就必须纠正军队建设上的短期行为。避免只顾眼前得利，不顾危害长远的倾向。抓部队建设要有战略眼光。要走一步看三步，从眼前想到长远。一项工作，要不要去干，怎么去干，干到什么程度，既要考虑到眼前的需要，更要考虑到部队建设的长远利益。有些工作，当前看来可能会给部队带来暂时的"好处"，但却对部队的长远建设产生不良影响，这样的工作就不要做。有些工作，当前看来效益并不十分明显，但却对部队的长远建设、对部队战斗力的长期稳定发展十分有利，甚至不可或缺，这样的工作就努力去做。例如部队的一些基础性工作，这类工作大都是一些需要下长功夫苦功夫去做的事，一时不做，往往看不到危害；去做，一时也往往看不到效果；但如果去做，做好了，就会对部队战斗力的稳定增长长期发生作用。

如果把部队全部工作比作一个圆，那么，战斗力就是圆点，其他所有工作都必须围绕这个圆心来旋转。新形势下，牢固树立战斗力这个唯一的根本的标准，必须紧紧扭住能打仗、打胜仗这个强军之要，把提高战斗力作为各项建设的出发点和落脚点，把战斗力标准贯彻到部队建设的全过程各领域，真正使战斗力标准这个硬杠杠立起来、落下去。

（四）用战斗力标准衡量和检验各项工作

按照战斗力生成、巩固和提高的内在要求，分门别类、有层次地制定具体指标，使战斗力标准在各领域、各部门、各环节得到充分体现。用战斗力这个指挥棒把各方面工作带起来，坚持按照战斗力标准确立发展思路、实施决策指导、配置力量资源、组织军事训练、选拔任用干部、培树先进典型，切实把战斗力标准在军事、政治、后勤、装备等各项工作中确立起来。用战斗力标准检验评价各项工作和建设，研究构建以强军目标为指向、以战斗力标准为核心的评价体系，无论搞建设还是抓准备，都要用战斗力尺子量一量，形成正确的用人导向、工作导向、评价导向、激励导向。坚决反对与战斗力标准不相符合的做法，切实克服危不施训、险不练兵、消极保安全等思想，纠正自我设计、自我评判、与中心工作争地位争资源等问题，使各项建设和工作紧紧围绕中心来展开，真正向战斗力聚焦用力。

第四章

秣马厉兵：不断拓展和深化军事斗争准备

军事斗争准备是军队的基本实践活动，是维护和平、遏制危机、打赢战争的重要保证。提高信息化条件下威慑和实战能力，必须坚持军事斗争准备龙头地位不动摇、扭住核心军事能力建设不放松，努力把军事斗争准备提高到一个新水平。全军官兵贯彻落实习近平主席关于扎实推进各方向各领域军事斗争准备的重要指示，强化忧患意识和底线思维，立足最复杂最困难情况，把各项工作朝前头赶、往实里抓。加快军队信息化建设步伐，努力促进高新技术武器装备形成战斗力，统筹推进现代后勤建设，不断提高后勤综合保障能力，加快高素质新型军事人才培养，军事斗争准备不断拓展深化。

一、统筹布局、整体谋划

中国古籍《左传》中说："国无小，不可易也；无备虽众，不可恃也"。敌人无论大小，都不可轻视；没有准备，即使国大人众也靠不住。孟子更指出："出无敌国外患者，国恒亡"，那些感觉不到有敌国外患威胁的国家，往往要灭亡。当前，中国经济快速发展，中国发展模式在国际上影响力不断增强。西方一些国家不愿看到中国"风景这边独好",他们的"焦虑感"日益上升,明里暗里对我国进行各种围堵和遏制,各种敌对势力对我国西化、分化的图谋从未停歇,维护国家安全面临的国际环境更加复杂。领土主权争端、民族宗教矛盾、恐怖主义威胁等愈加凸显,我国周边一些热点地区局势充满变数,海上安全环境更加复杂,家门口生乱生战的可能性增大。军事斗争准备要坚持底线思维,树立随时准备打仗的思想。宁可备而不战,不可无备而战。必须通盘考虑,统筹推进维护国家主权和安全、海上维权、边境维权维稳等各方向各领域军事斗争准备。

(一)通盘考虑,统筹推进

我国地缘战略环境复杂,各战略方向、各安全领域都存在不同威胁和挑战。军事斗争准备必须抓住主要矛盾,把对国家安全和发展利益具有最大威胁、最具关键意义的方向作为主要战略方向。同时,主要战略方向与其他战略方向也是相互联系、相互影响、相互转化的、彼此呼应的,其中任何一个方向出事,都可能在其他方向引发连锁反应。必须统筹推进各方向的军事斗争准备,增强军事斗争准备的针对性,既要通盘谋划,确保战略全局稳定,又要突出重点,扭住关系全局的战略枢纽,把主要战略方向和其他战略方向统一起来,逐步形成能够相互策应、相互支援的统一战场和更为有利的作战布势,以保持战略全局的平衡和稳定。根据各方向使命任务,立足复杂困难情况,明确军事斗争能力标准,把各项准备工作往前赶、往实里抓,确保有序衔接、持续深化。要把日常战备工作提到战略高度。坚持平战一体,提高快速反应能力。

(二)突出海上军事斗争准备

我国是一个陆海复合型的大国,陆地上与 14 个国家接壤,有 20 000 多公里的陆地边界线,18 000 多公里海岸线,岛屿岸线 14 000 多公里，面积 500 平方米以上的沿海岛屿 6 500 多个，可管辖海域面积近 300 万平方公里，与 8 个国家海域相连。随着海洋经济的快速发展，我国在维护国家海洋权益方面面临十分严峻的挑战，岛屿被侵占、海域被瓜分、资源被掠夺、渔民被抓扣、科考受干扰等问题十分突出。特别是海上安全环境更趋复杂，一些亚洲国家纷纷制定和实施具有扩张性的海洋战略，不断在钓鱼岛、南海等岛屿归属和海域划界问题上挑起事端，对我国安全战略全局的影响更加突出。同时，影响台海局势稳定的根源并未消除，"台独"分裂势力分裂祖国的危险始终存在。要确保国家长治久安和可持续发展，必须高度重视经略海洋、维护海权。

从世界历史上看，近代以来出现的强国，不管是老牌的葡萄牙、西班牙、荷兰、英国，还是后起的德国、法国、俄罗斯、美国，几乎都是当时的海洋强国。这充分说明，面向海洋则兴，放弃海洋则衰；国强则海权强，国弱则海权弱。近代中国积贫积弱，处于任人宰割的地步，外敌从我国陆地和海上入侵大大小小数百次，给中华民族造成了深重灾难。这一段屈辱历史，我们要铭刻在心，永志不忘。

当前，海上方向对国家安全和发展战略全局的影响愈加凸显。党的十八大作出建设海洋强国的重大战略部署。2013 年国务院机构改革整合了海上执法力量，重新组建国家海洋局，以中国海警局名义开展海上维权执法。这充分体现了党和国家维护海洋权益的坚定决心和意志。2013 年 11 月 26 日，我国"辽宁号"航母从山东青岛解缆起航，在导弹驱逐舰沈阳舰、石家庄舰和导弹护卫舰烟台舰、潍坊舰的护卫下赴南海开展科研试验和训练。与此同时，海军其他新型舰船建造服役速度不断刷新纪录。2017 年 6 月 28 日，中国新一代 055 型万吨级驱逐舰下水。该舰是我国完全自主研制的新型驱逐舰，先后突破了大型舰艇总体设计、信息集成、总装建造等一系列关键技术，装备有新型防空、反导、反舰、反潜武器，具有较强的信息感知、防空反导和对海打击能力。不同类型新型作战舰艇的发展，标志着中国海军正在逐渐摆脱传统上单一的近海作战的防御型海上力量定位，转而向具有较强的两栖攻击作战等能力的攻防一体型的海上力量拓展。中国海军从"棕水海军"向"蓝水海军"转型的步伐不断加快。维护海洋和平，维护国家和人民利益，我们要进一步强化海权意识，大力加强海上军事斗争准备，坚决维护国家海洋安全，为建设海洋强国提供有力战略支撑。

（三）高度关注新型安全领域

随着世界新军事革命加速发展，太空和网络成为现代军事竞争新的制高点，制信息权、制太空权对夺取战争综合制权日益重要。

在太空方面，世界主要国家纷纷制定了航天发展规划，建立组织指挥机构，发展航天部队，加紧推进太空开发、太空武器研发。早在2011年，美国就发布了《国家安全太空战略报告》，成立了主管太空战事的太空防御局，多次举行太空战演习。俄罗斯组建了"航天兵"，制定了2040年前包括研制空间站、载人登月和飞向火星等航天发展计划。太空不仅具有作战信息支撑的作用，而且具有信息攻防、太空机动、太空破坏、对地（天、海）毁伤等作战功能，特别是载人航天技术的快速发展，由人在太空中进行作战支援和实施作战行动已不再遥远。2012年12月11日，美国空军无人驾驶的空天飞机"X-37B"，搭乘"阿特拉斯-5"火箭升空，开始第3次试飞。这种飞行器被认为是未来太空战斗机的雏形，其最高时速可达音速的25倍以上，可在1小时内迅速到达全球任何目标的"上空"，对敌国卫星和其他航天器进行控制、捕猎和摧毁，甚至向地面目标发起攻击。其他发达国家也加快了太空探索步伐，成立军事航天机构，研制发展航天兵器。加快军事航天力量建设的步伐，成为世界主要军事大国夺取战略主导权的一个焦点。我国一直主张和平利用太空，但面对军事强国积极推动太空军事化的现实，必须在发展民用航天力量的基础上，适时建立起精干、充足的军事航天力量，才能赢得战略主动。

在网络空间方面，掌握和争夺制网络权的斗争日趋激烈。美国早在1995年就培养出第一代"网络战士"，成立了"计算机网络防御联合特种部队"，2010年成立网络战司令部，2011年发布了《网络空间国际战略》《网络空间行动战略》。俄、德、法、日、英等国竞相推出网络安全战略和建设网络战力量发展计划，组建网络战部队。2008年俄格冲突中，俄罗斯首先对格鲁吉亚计算机网络实施全面攻击，有效瘫痪了格鲁吉亚信息网络系统，为后续作战行动提供了有力支援。2011年利比亚战争中，美军利用计算机网络对利比亚军队指挥控制和防空预警系统进行了攻击，致使利比亚军队门户大开，不堪一击。近年来，我国遭受互联网攻击情况较为严重。必须加强信息攻防力量建设，提高我军信息侦察、进攻、防护能力，为夺取未来战争中的信息攻防优势，夺取战争胜利储备力量。

总之，随着信息时代和经济全球化的到来，国际军事竞争的焦点日益集中在海洋、太空、电磁和网络空间的开发与控制上，加紧发展新型作战力量已成为世界军事技术和作战方式发展的大势所趋，成为提高信息化条件下威慑和实战能力的制高点。必须高度关注太空和网络空间安全，不断拓展战略视野和防卫空间，努力掌握和夺取制太空权和网络权，切实维护国家战略安全，夺占未来战争制高点。

二、推动信息化建设加速发展

我军信息化建设自20世纪五六十年代的指挥自动化建设开启以来，取得了一系列显著成就。然而，与军事斗争准备的要求、"能打仗、打胜仗"的要求相比较，仍存在一定差距。必须瞄准信息化战争发展需求，进行信息化建设顶层设计，加快推进信息基础设施建设，科学开发利用军事信息资源，抓紧构建信息安全保障体系，推动信息化建设加速发展。

（一）强化体系建设思想

信息化建设是一项系统工程。加强军队信息化建设，必须着眼提高基于信息系统的体系作战能力，运用信息系统，把各种作战力量、作战单元、作战要素融合集成为整体作战能力。近年来，我军在信息化管理体系建设上迈出了重要步伐。但集中统管的问题并没有完全解决。主要表现在以下几个方面：一是统管机制不够顺畅。受部门利益的制约，在信息化建设决策规划和工作协调等方面，"谁掌握资源谁说了算"的现象仍然存在，分散建设、重复建设、新树"烟囱"的问题没有根本解决。二是监管执行不够到位。在信息化建设立项审批、经费审计、入网准入、检查验收、效能评估等方面仍缺乏配套细则，信息化建设执行检查、成果评估、奖惩激励等监管制度还不够完善，部队在组织建设时缺乏可操作的依据，规划、规定落实不够有力。三是需求论证不充分。需求论证针对某个建设项目、单个领域的多，对接作战需求、成体系的研究还不够，造成作战体系各要素的能力衔接不够，信息系统融合交链困难，"围绕任务抓需求，依据需求搞建设"的良性互动局面没有完全形成。

加速推进信息化建设，必须强化体系建设思想，遵循体系建设规律，加强对信息化建设的集中统一领导和管理，坚持统一建设目标、统一规划计划、统一技术体制，搞好顶层设计，把各个军兵种、各个系统、各个环节作为整体来筹划和推进，实现最大限度互联互通，提高信息化建设整体质量和效益。一是完善信息化建设制度机制。完善相关法规制度，为部队开展综合管理提供操作性依据。建立完善立项审批和入网准入制度，靠机制来防止体系外建设。二是增强信息化建设规划计划的科学性。着眼未来战争需求，科学论证信息化建设需求，加强信息能力的整体设计，细化信息化建设发展规划计划，确保信息化建设有计划有步骤地推进。三是加强检查督导。借鉴军事斗争准备检验评估、军事训练考核等形式，建立信息化检查考评制度，明确考核内容和标准，通过组织经常性考核考评，促进信息化建设发展。

（二）加强基础设施建设

信息基础设施是保障军事信息传输、处理、安全防护和综合管控的各种软、硬件设施的总称，主要包括信息传输平台、信息处理平台、基础服务系统和信息安全保障系统等，是信息资源发挥作用的必要前提，也是信息传输、交换和共享的必要手段。加强军队信息化建设，必须高度重视信息基础设施建设，为夺取信息优势奠定物质基础。

第一，信息传输平台建设。信息传输平台是由各种通信系统所构成的公共信息传输网络，包括由各种通信设备（如传输设备、交换设备、用户设备、保密设备、供电设备、维护测试设备等）组成的各种业务网，如电话通信网、电报通信网、数据通信网和图像通信网等，其基本功能是完成人与人之间、人与装备之间和装备与装备之间的信息传递。加强信息传输平台建设，主要是加速发展战略、战役、战术通信卫星和星座系统相结合的卫星传输平台，优化短波通信系统台站布局，发展散射、移动、空中/海上无线传输系统，完善以光缆通信为主的有线传输平台，形成以陆基为主，天基为辅，海基、空基为补充的公共信息传输平台，并注重信息传输平台的综合集成，使部队能在作战地域内的任何时间、任何地点，实现高效接入，为联合作战指挥、信息系统与主战武器系统交链以及各种应用系统提供快捷、智能的应用支持。

第二，信息处理平台建设。信息处理平台是综合运用计算机技术、人工智能技术、图形图像处理技术、信息融合技术等，对各种信息进行自动综合、分类、存储、更新、检索、复制、分发和计算等处理的各类信息系统构成的整体。信息处理平台是信息基础设施的"大脑"。信息处理平台建设的重点是，以能支持智能控制和辅助决策为目标，建立高速率的、适用于信息化作战需要的、能处理不同业务的信息处理系统。在建设中要进一步充实和完善通用支撑应用层、基础服务层、核心层、共享数据环境、配置管理工具、相关标准规范和应用编程接口等各种功能模块，并在系统的安全性和对武器平台的支持等方面有新的突破，从根本上解决军事信息系统中各种硬件、软件的"即插即用"和各类应用系统的互操作问题。以与国家信息网络兼容为前提，按国家统一接口标准，研制和开发军队信息网专用接口。采用统一的军用信息接口，保障军队内部信息链路的对接，实现各信息网之间的互联。积极开发具有自主知识产权的软、硬件，发展大容量存储技术和存储环境管理技术。

第三，基础服务系统建设。基础服务系统，是实现基础信息发布、信息资源共享和管理使用的系统。基于栅格的基础服务系统将提供一种以网络为中心的可互操作的信息能力，可使决策者和各种作战人员按需访问、处理、存储、分发和管理信息。这种新型、高效的信息分发方式和信息环境，将保证用户在最短的时间内准确地访问信息，获得信息决策优势所需的资源，实施高效的指挥和控制。

第四，信息安全保障系统建设。信息安全保障系统，是保证信息在存取、处理、集散和传输过程中，保持其保密性、完整性、可用性、可审计性和抗毁性而设置的各种安全设备和机制。信息安全保障系统主要由实施各种安全机制的软硬件构成，包括网络防火墙、病毒防御、入侵检测软件以及密码专用芯片、安全处理器等。信息安全保障系统是信息安全保障的物质基础，是夺取制信息权和信息优势的重要保障，是信息安全保障体系的重要组成部分。信息安全保障系统的发展方向是，实现分布式、多维一体、全面防护，具备主动防御能力。发展重点是，加强信息安全基础设施建设，建立密码密钥、身份认证、测评认证、容灾备份等安全基础设施；突破关键技术，加快发展自主信息安全技术，加紧研发、强制使用自主知识产权的安全产品，建立准入制度；开展自主信息系统应用环境建设，建造基于国产硬件、软件和安全技术的信息系统；强化技术防范，尽快建立起面向网络空间的管理体系和电磁空间的技术防范体系。

（三）加强信息资源开发利用

如果说信息系统是作战体系的"血管"，信息资源则是作战体系的"血液"，是信息化建设的核心所在。获取积累、融合处理、维护管理和共享利用这些信息资源，是军队信息化建设的重要工作。加强对军队信息资源的开发利用，对于加快我军信息化建设，提高信息化条件下作战能力，具有极其重要的作用。

第一，加强信息资源的开发。所谓信息资源开发，是指信息资源的生产与形成过程，包括信息的感知、采集、传输、加工处理、挖掘与融合、存储等实践活动。信息资源的开发过程是信息的增值过程，信息资源开发是实现信息资源化的根本途径，也是利用信息资源、发挥信息主导作用的根本措施。信息资源开发可从以下几个方面着手，一是构建信息资源标准体系。制定科学的信息分类与编码标准、数据元素标准、通用数据模型和信息资源目录体系，构建国防数据词典系统，完善信息资源标准管理手段，强化标准化工作的集中管理。借鉴国际标准和国家标准，紧密结合我军实际，逐步建立覆盖信息内容、信息服务、信息安全和关键技术等方面的信息资源标准体系。加强标准符合性测试，严格标准执行的监督检查，推动信息资源开发利用工作规范有序开展。二是研制信息资源应用系统软件，包括数据库系统软件，专家系统软件，各种评估软件，武器控制系统软件，系统诊断软件，各种条件下作战指挥与控制软件，多媒体信息融合软件，作战计划软件，作战地图标绘软件，教育训练的各种远程系统、教学软件、模拟软件和人工智能系统等。三是加强知识挖掘与融合。按照加工层次，信息资源可分为数据和知识两类。知识通常是在对数据信息加工和融合判断的基础上形成的。从大量的信息中抽取有序化的数据形成数据库，通过提炼和归纳形成结论性的知识，这个过程既需要对信息资源的深度挖掘，也需要在较短时间内将各种信息融合在一起，排除虚假信息和不确定因素，向指挥员提供高度浓缩的知识型信息。四是优化数据支撑环境。建立分布式存储、集中式管理的信息资源存储体系，提高信息管理和服务水平；加强关键技术攻关，统一研制数据开发工具，为数据集成与共享提供优良的支撑环境。

第二，提高信息资源利用效益。信息资源利用，是通过对信息资源的分发、服务、共享、传播，满足实践活动的信息保障需求，以及自动控制、模拟实验、评估、决策和人工智能领域的信息需求的活动。信息资源的利用是信息资源开发的目的和归宿，是实现信息资源价值，发挥信息主导作用的最终环节。促进信息资源的广泛利用，应当根据需要实现信息资源的公开、集成和共享。

三、发展高新技术武器装备

武器装备是构成军队战斗力的重要物质基础。打现代化战争，人还是决定性因素，但武器装备的作用也决不能低估。习近平主席深刻指出，现代高新技术武器是大国地位的重要支撑，是维护国家安全的利器。以"两弹一星"为代表的尖端武器装备，是我国屹立于世界民族之林的重要标志和重要支撑。面对国家安全需求的新变化，我们既要敢于亮剑，也要重视铸剑，切实把武器装备搞上去。① 增强我军能打仗、打胜仗能力，必须着眼信息化战争发展要求，不断加强武器装备自主创新，优化武器装备体系结构，加强武器装备配套建设，夯实能打胜仗的物质技术基础。

（一）加强武器装备自主创新

作为战争工具的武器装备是一种人工创造物，是人类智慧的结晶。然而，武器装备并不是一般的人工创造物，而是一种特殊的人工创造物。武器装备作为战争的工具和军事斗争的手段，与国家安危、民族的兴衰息息相关。要在军事斗争中掌握主动，一个基本的前提就是，在军事技术特别是武器装备方面形成优势，即创造出比对手更加先进、更加优良的武器装备，把握军事斗争的主导权。正因为如此，任何国家对一些尖端的、关键的军事技术和武器装备，都是深藏不露，绝不会轻易转让给其他国家。即使是与军事应用相关的民用技术和设备，其最先进的技术和核心设备绝不允许转卖他人，总要千方百计进行限制。所以，国防高新技术尤其是核心技术、关键技术仅靠引进是不行的，即使一时能够引进一些先进技术和装备，关键时刻难免受制于人，陷于被动。众所周知，1982 年英阿马岛海战，阿根廷军队一度曾掌控着战局。但是，就因"飞鱼"反舰导弹是从法国购买的，当供货方的法国迫于盟国的政治压力，决定停止对阿根廷供货，战局便由此急转而下，最后不得不接受失败的命运。武器装备所固有的对抗属性，决定了其发展只能走自力更生、自主创新的道路。

西方国家制定的所谓"巴统协定"，就是限制其军事技术流入所谓的"危险国家"的一个规定。虽然在国际军火市场上，超级大国也出售一些军事技术和装备，除了为赚钱之外，还作为

---

① 《习主席国防和军队建设重要论述读本》，解放军出版社 2014 年版，第 65 页。

支配和控制别国的一种手段，但最先进的核心技术和装备是不可能轻易出现在国际军火市场的。像美国的 F－117、B－2 等隐形飞机就绝不会出卖给其他国家，哪怕是紧跟其后的英国等所谓的盟国。要掌握武器装备发展的主动权，把握先机，必须依靠自身的力量，坚持不懈地自主创新，掌握具有自己知识产权的核心技术和关键装备，不断研制生产技术水平更高、性能更加优良的武器装备，只有这样，才能不受制于人，才能将国家安全和民族兴盛的主动权牢牢地掌握在自己手中。

在我国武器装备的发展过程中，曾有过一些惨痛的教训。20 世纪 60 年代初，苏联背信弃义，撕毁合同，停止对华援助。80 年代末，美国借口人权对我国制裁，终止双方军事技术合作项目，对我国装备建设造成严重损害。美国等西方国家出于遏制中国的战略图谋，对关键性的技术装备一直严加封锁。历史的经验说明，完全靠买是买不来武器装备现代化的，必须靠自力更生、走自主创新的道路。

新中国成立以来，我国武器装备建设，始终坚定地把立足点放在自力更生，自主创新的基点上。面对世界军事超级大国和霸权主义的各种封锁，我们依靠自己的力量，建立了门类齐全的具有相当规模和水平的武器装备体系，取得了让世人刮目相看的辉煌成就。

新中国成立不久，新生的人民共和国就被世界核阴云所笼罩。在朝鲜战争结束的前一年春天，美国把核导弹运到冲绳，扬言"要在中国东北扔几颗原子弹"。面对这重重压力，毛泽东同志以伟人的胆识做出历史性抉择：研制"两弹一星"。从而拉开了中国人民自力更生、自主创新、自主创新研制世界尖端武器的帷幕。大批海外知名科学家冲破阻力，归国参加科研攻关；成千上万的知识分子、工人和军人，隐姓埋名投入到研制尖端武器的战斗中。20 世纪 50 年代后期，我国国防工业初步形成体系，初步具备常规武器生产能力，尖端武器研制也已开始。1960 年 11

月5日，我国第一枚导弹腾空而起，准确击中目标。1964年10月16日15时，壮观的蘑菇云在罗布泊上空升起，中国从此有了自己的原子弹。1967年6月17日，中国第一颗氢弹试验成功。1970年4月24日，我国第一颗人造卫星遨游太空。1975年11月26日，我国第一颗返回式卫星发射并回收成功，成为世界上第三个掌握了卫星回收技术的国家。从原子弹到氢弹，美国用了7年，苏联用了12年，我国只用了2年8个月。

改革开放以后，世界高技术发展迅猛异常，武器装备发展更新的速度不断加快。面对新的形势，邓小平同志多次强调我国武器装备要以自行研制与生产为主。他指出，"中国的事情要按照中国的情况来办，要依靠中国人自己的力量来办。独立自主，自力更生，自主创新，无论过去、现在和将来，都是我们的立足点。"[①] 武器装备"可以从外国买，更要立足自己搞科学研究，自己设计出好的飞机、好的海军装备和陆军装备。"[②] 1986年，邓小平同志以战略家的气魄拍板：启动"863计划"，抢占世界高科技前沿，掀起了中国人在军事技术领域自主创新的又一高潮。在航天领域，我国开展了天地往返运输系统、大型运载火箭、空间科学及应用方面的跟踪研究和概念研究；计算机、人工智能及其相关技术的研究也取得重大进展；激光技术、水下机器人等一大批新成果的问世，为国防现代化注入了活力。到20世纪90年代初，我军常规兵器发展已形成火炮、导弹相结合的武器系列；一批火力强、防护力强、机动性能好的坦克和装甲车辆投入使用；重点发展的中高空高速歼击机以及配套研制的飞机武器装备形成作战能力；一批自行研制的新型舰艇下水，新型舰载武器装备随即投入使用。

20世纪90年代以后，世界军事领域出现了前所未有的新变

[①]《邓小平文选》第3卷，人民出版社1993年版，第361、372页。
[②]《邓小平文选》第3卷，人民出版社1993年版，第129页。

化，一场新的军事革命迅速兴起。新形势下，江泽民同志一再强调，我们这样大的社会主义国家搞现代化建设，必须处理好扩大对外开放和坚持自力更生、自主创新的关系，把立足点放在依靠自己力量的基础上。要引进先进技术，但必须把引进和开发、创新结合起来。这就进一步指明了我军实现武器装备现代化的基本途径只能是靠自力更生、自主创新。随着中国特色军事变革的蓬勃兴起，我国军事技术自主创新迈上了新的台阶。一大批自主创新的高新技术成果相继运用于装备建设。新型导弹驱逐舰、新型歼击机、新型主战坦克等陆续装备部队，使我军打赢未来高技术条件下局部战争的能力有了显著提高。

进入21世纪，新科技革命的发展正孕育着新的重大突破。信息技术成为加速军事变革的重要引擎。但是，我国科技的总体水平尤其是在信息技术领域同世界先进水平相比还存在着较大差距，关键技术自给率低，自主创新能力不强，我们比任何时候都需要坚实的科学技术和有力的技术支撑。胡锦涛同志在全国科学技术大会上明确指出："面对世界科技发展的大势，面对日益激烈的国际竞争，我们只有把科学技术真正置于优先发展的战略地位，真抓实干，急起直追，才能把握机遇，赢得发展的主动权"[1]，要"努力提高原始创新、集成创新和消化吸收再创新的能力"[2]。贯彻落实胡锦涛同志一系列重要指示，我军紧紧依托国家改革开放取得的丰硕成果，加强装备顶层设计和集中统一领导，瞄准世界军事技术发展的战略制高点，围绕军事斗争准备和军队建设转型需要，按照"探索一代、研制一代、生产一代、装备一代"的模式，优先发展适应未来一体化联合作战需要的信息化武器装备，加快研发了一批"撒手锏"武器，带动我军整体作战能力快速提升。

新的历史条件下，以习近平同志为核心的党中央高度重视武

---

[1][2] 《解放军报》2006年1月10日第2版。

器装备建设。习近平主席强调，武器装备是军队现代化的重要标志，是军事斗争准备的重要基础，是国家安全和民族复兴的重要支撑，是国际战略博弈的重要砝码。当前和今后一个时期是我军武器装备建设的战略机遇期，也是实现跨越式发展的关键时期，面对国家安全需求的新变化，我们既要把武器装备建设放在国防和军队现代化建设优先发展的战略位置来抓，切实搞得更好一些、更快一些，为实现中国梦强军梦提供强大物质技术支撑。

当前，新一轮产业和科技革命蓄势待发，世界新军事革命加速发展，发达国家加快了无人智能技术、高超音技术、精确制导技术、隐身技术、防空反导技术、军事航天技术、量子通信技术、新概念武器技术、网络作战技术、3D打印技术、仿生物技术等战略前沿技术发展，企图形成新的压倒性技术优势。我军在高新技术方面同世界军事强国相比仍有较大差距，科技储备远远不够。要奋起直追，后来居上，加紧攻克核心关键技术方面的等大难题。习近平主席深刻指出："要牢牢扭住国防科技自主创新这个战略基点，大力推进科技进步和创新，努力在前瞻性、战略性领域占有一席之地。要继续抓好基础研究这项打基础、利长远的工作，为国防科技和武器装备持续发展增强后劲。"[①] 贯彻落实习近平主席重要指示，加快我军武器装备发展，必须紧盯战略前沿技术特别是颠覆性技术发展，选准主攻方向和突破口，坚持创新驱动，加紧在一些战略必争领域形成独特优势。

（二）优化武器装备体系结构

信息化战争是多种武器系统的整体对抗，各类武器系统之间和武器系统内部互联互动、整体合成。与此相适应，武器装备形

[①] 《习近平在视察国防科学技术大学时强调：深入贯彻落实党在新形势下的强军目标 加快建设具有我军特色的世界一流大学》，载于《解放军报》2013年11月7日第1版。

成战斗力，已不再是简单的单个装备、单个战斗单元形成战斗力，而是多种武器系统战斗力的综合集成。因此，必须强化体系观念，从作战体系的角度将武器装备发展作为一个系统工程，优化武器装备体系结构，提高武器装备体系的整体作战效能。

第一，着眼信息化战争对武器装备的整体需要构建最佳武器装备体系。信息化条件下局部战争的对抗，已由传统的单一武器之间的对抗，转变为系统与系统之间的对抗。未来的信息化战争，是由战场认识系统、信息系统、指挥控制系统、战场打击系统、支援保障系统等几大分系统构成的作战体系间的整体较量。适应这一转变，武器装备发展必须着眼于武器系统的整体需求。一方面，对于任何一件单一武器的设计与研制，都要将其纳入到一个武器大系统中通盘考虑，着眼系统的"节点"构成，用系统的眼光确立其基本战术与技术指标，使其服从和服务于整个武器系统。另一方面，要充分把握信息化战争以破坏、瘫痪敌方的战场认知、信息、指挥控制等系统为主要打击目标的特点，把那些对敌作战系统整体威力有巨大破坏、摧毁、瘫痪作用的武器装备作为发展重点。目前，世界武器装备发展的趋势是：重视发展威慑与实战双重功能的武器装备；以电子战装备为代表的软杀伤武器，逐渐由从属地位上升为主战装备；向具备先发制人的进攻优势的装备倾斜；支援保障装备上升为联合作战的支柱之一。顺应这一趋势，我军的装备发展，应当有重点地增强指挥控制对抗的能力；增强实时感知战场情况的能力；增强远距离打击的威慑能力；增强对敌实施全时空隐蔽突防的能力；等等。强化体系观念，从作战体系的角度将武器装备发展作为一个系统工程，优化武器装备体系结构，建立最佳配系，切实提高整个作战体系的综合作战效能。

第二，着眼一体化联合作战要求优化诸军兵种武器装备结构。信息化战争是陆、海、空、天、电五维空间的一体化联合作战，是多军兵种的立体化联合作战。从这个意义上讲，陆、海、空军自成一体的装备体系将不复存在。各个军种、兵种的装备体系必须在更大范围实现结构与功能的一体化。在结构上，军种、兵种的装备体系之间相互兼容、实现"无缝隙"链接，达到横向一体；在功能上，各军种、兵种装备体系的功能指向完全一致，不求自身体系功能的最大化，但求在更高层次的装备体系中实现功能最大或最佳。因此，优化我军武器装备整体结构，应注重陆、海、空和火箭军部队武器装备建设的协调发展。这既需要加强各军兵种间的密切协调，形成建设合力，又需要从全局出发，抓好优化武器装备各项建设和改革的落实。因此，必须抓好两点：一是要统筹规划，统一领导，加强宏观控制，始终围绕整合集成的思路，按照统一的标准推进武器装备结构优化建设，切实打破"门户"界限，防止各自为政、自成体系。各军兵种在信息作战结构重组和体系调整过程中，自觉服从全局，勇于取舍，积极整合，克服只愿做"加法"、不愿做"减法"的思想，杜绝新的条块分割现象。二是要抓好武器装备体系建设的顶层设计，加强统合力度，按照统一的规划、体制和标准进行综合集成，防止力量分散，避免重复建设，真正形成一体化武器装备体系。

第三，注重运用横向一体化技术将分立的武器装备连成整体。机械化时期，装备发展采用的是"烟囱式"模式，各装备系统按不同作战要求，独立、纵向式地发展，尽管有些主要武器系统的战术技术性能指标可以接近或达到了物理极限，但是由于各种装备互不相连，装备系统的功能条块分明，从而限制和影响了整体效能的发挥。而在信息化条件下的武器装备建设中，放在首位的不再是创造多少新装备，更重要的是怎样把各种孤立的装备融合成一个更大的整体，通过体系内各装备系统的功能配套、性能匹配、质量均衡实现体系整体优化和信息的畅通，产生更新和更高的作战效能。当前，主要是利用横向一体化技术，将分立的武器装备或系统连接成一个新的更高层次的系统，从而提高现有武器装备群的作战能力。如美军通过系统综合，构建由 C^4ISR 系统、精确打击和勤务支持等系统组成的信息化武器装备体系。我军信息化武器装备建设虽然起步较晚，但这不应妨碍信息化武器装备体系的建立。要重视构建信息化武器装备的体系化、网络化工作，把用于未来战场的各军兵种的武器装备系统、作战平台、保障装备连在一起，把信息与物质能量连在一起，使武器装备体系具有极大的黏合强度和聚合能力，达到战斗力的最佳集成。

（三）加强武器装备配套建设

系统配套是武器装备发展的内在要求。这一条做不好，再先进的武器也发挥不出应有的效能。建立和完善武器装备体系，必须从系统全局出发，科学筹划，处理好武器装备的攻与防、硬与软、战与援、新与旧等的关系，实现武器装备系统配套，提高我军武器装备体系的总体质量和效能。

第一，处理好"攻"与"防"的关系，注重进攻性武器装备与防御性武器装备之间系统配套。在未来信息化条件下的局部战争中，进攻防御之间转换频繁、转换速度加快，进攻与防御在界限上趋向模糊，往往是攻中有防、防中有攻，进而逐步形成了攻防行动的一体化。这就要求我军武器装备在设计研制阶段就要全方位考虑，既要使进攻性武器装备具有防御功能，又要使防御性武器装备具有进攻能力。

第二，处理好"硬"与"软"的关系，注重火力系统与电子信息系统之间的相互配套。武器系统是由多种武器平台构成的综合火力系统，要实现对各种武器平台的综合运用，就必须采用一体化的信息装备，构建一体化的信息系统。近年来我军武器装备信息化建设步伐较快，部分主战武器装备具备了信息化、数字化的指挥控制功能。然而，目前主战武器系统与指控系统同步设计协调性不高，指控系统与信息源、传输通道（通信信道）、信宿（显示和武器控制）各系统之间的接口、协议及软件不够完善或不够匹配，达不到互联、互通、互操作的要求，指挥控制自动化程度不高。因此，必须加强火力系统与电子信息系统的一体化设计，统一协议、标准和接口规范，真正解决两者之间的交链问题，充分发挥其综合作战效能。

第三，处理好"战"与"援"的关系，注重主战武器装备与支援保障装备之间的系统配套。现代战争的一个重要特征是要为主战武器装备提供更多、更可靠的战斗支援、情报支援和后勤支援，从而保障其充分发挥效能。这就要求我们在设计与运用主战武器装备时，必须科学合理地为其构建支援保障系统，以确保主战武器作战效能的发挥。

第四，处理好"新"与"旧"的关系，注重新型武器装备与已有武器装备之间的系统配套。现代武器装备是由诸多单元武器的技术装备组成的复杂系统，其功能能否正常发挥，取决于单元武器的性能及其整个武器系统内部的相互协调和配套。近几年来，我军一些部队虽然装备了一大批新型装备，但也暴露出整体配套水平低，新型装备之间使用不匹配等影响装备性能发挥的问题。解决好武器装备的配套建设，要做到成套设计、成套定型、成套生产、成套装备部队。同时，设计研发新型武器装备时，应注意与已有武器装备之间的衔接配套，或者对已有武器装备进行相应的改造。

（四）促进高新武器装备形成战斗力

加快高新装备形成战斗力，充分发挥和挖掘武器装备的作战效能，是我军做好军事斗争准备的重要举措，是打赢现代战争的必然要求。武器装备形成战斗力，基本途径就是抓好装备的战术、技术训练，使武器装备与使用它的人达到最佳结合的"境界"，应着重处理好以下几个方面的关系。

第一，练技术与练战术的关系。装备训练有其自身的规律性，这就是要在练好技术的基础上练好战术，把练技术与练战术结合起来。

第二，新装备训练与老装备训练的关系。坚持把新装备训练作为重点，在各方面给予必要的倾斜，使之尽快形成战斗力，同时注重在新老装备结合训练上下功夫，不断提高现有装备训练的整体水平。

第三，一般课题保障训练与任务课题保障训练的关系。坚持战训一致、训保一致的原则，严格按照训练大纲组织施训，在抓好一般课题保障训练的同时，加大任务课题保障训练的力度，整体提升对未来信息化战争的实际保障能力。

第四，单个武器装备与多种武器装备协同训练关系。着眼联合作战要求，加强多种武器装备的协同训练。多种武器装备的协同训练，是指为完成一定的作战任务，多个武器系统的同步协调训练。以舰艇部队为例，它的协同训练不仅是指同型舰艇之间的协同，也包括与潜艇的协同、与空中力量的协同，不仅是攻击行动的协同，也是电子对抗的协同、防空行动的协同。

南海舰队某驱逐舰支队科学挖掘新装备潜能，促进新装备形成整体战斗力。随着海军装备的发展，舰艇装备换代速度加快。为有效挖掘和发挥新装备的最大效能，该支队成立攻关组，分别对雷达、通信、机电等12类装备进行性能评估，科学制订使用流程，建立极限使用数据档案；将武器平台极限射击、复杂条件下指挥作战、超距离探测等险难课目纳入作战方案，采取实战对抗、随机导调等方式，全方位检验装备极限性能；与厂家和科研院所成立风险评估组，对极限训练进行安全论证，做好装备使用的风险评估和维护保障。通过对新装备使用极限的探索，该支队加深了对新装备使用规律的认识和把握，趟开了科学用装的新路子。20余套建立在新装备数据基础上的战法成果得到检验，上千组装备使用数据进入作战数据库，缩短了新入列战舰战斗力生成时间。

四、提高后勤综合保障能力

"兵马未动,粮草先行。"打赢信息化战争必须具备坚实的后勤保障能力。加强后勤建设,必须按照习近平主席重要指示,统筹推进现代后勤'三大建设任务',调整完善后勤布局,加大应急保障力量建设,加强战略投送能力建设,不断提高后勤综合保障能力。

(一) 统筹推进现代后勤建设

当前,世界新军事革命加速推进,战争形态正在发生深刻转变,我军后勤面临着前所未有的历史机遇和严峻挑战。习近平主席站在党和军队事业全局的高度,着眼强军目标对军事后勤的新要求,明确提出"要围绕实现全面建设现代后勤总体目标,科学实施后勤建设重大工程,努力建设保障打赢现代化战争的后勤、服务部队现代化建设的后勤和向信息化转型的后勤"[①]。这一重要指示,准确定位了新形势下军队后勤的地位作用、使命任务和发展目标,深刻揭示了"三大建设任务"与实现强军目标的内在联系,科学阐明了全面建设现代后勤的聚焦点、着力点和落脚点,为在新的历史起点上加快推进后勤现代化建设提供了科学指南和行动纲领。扎实推进军事斗争准备,不断提高我军后勤综合保障能力,必须依据"完成全面建设现代后勤任务"这一总体目标,统筹推进现代后勤"三大建设任务"。

1. 建设保障打赢现代化战争的后勤。

战争离不开后勤,后勤是为能打仗、打胜仗服务的。如果后

[①] 《习主席国防和军队建设重要论述读本》,解放军出版社2014年版,第62页。

勤不能保障打赢，也就失去了存在的意义和价值。建设保障打赢现代化战争的后勤，必须紧紧围绕能打仗、打胜仗要求，认真做好军事斗争后勤准备，全面提高后勤保障打赢的能力。重点构建信息主导、精干高效的后勤指挥体系，攻防兼备、陆海衔接的战场设施体系，用之有备、备之能用的战储物资体系，实用管用、复合发展的后勤装备体系，类型多样、规模适度的后勤力量体系，形成伴随保障、基地保障、投送保障整体联动的保障格局，进一步提高平时服务、急时应急、战时应战的综合保障能力。

2014年9月，我军首次基于信息系统的实兵对抗综合卫勤保障演习在内蒙古草原深处打响。直升机医疗救护队、列车医疗队等13支战役卫勤保障力量各显身手，野战单兵搜救系统、单兵急救包、卫生员急救背囊、装甲救护车等新型救治装备亮相，探索现代战场卫勤保障新路。近年来，全军后勤举行30余场野战饮食保障演练，运用饮食前送车等装备打通保障"最后一公里"，野战给养器材实现瘦身减重，新一代作战防护被装、军用食品、军需油料装备和主战装备配套用油体系等"四个新一代"成果投入使用，有效提高了战场保障能力。

2. 建设服务部队现代化建设后勤。

保障是后勤工作的本质属性，部队是军队后勤的服务保障对象。新中国成立以来，"服务部队、服务基层"一直都是我军后勤工作的一条基本原则。军队后勤要服务好部队现代化建设，就是要求后勤力量建设必须把实现好、维护好、发展好广大官兵根本利益作为出发点和落脚点，使后勤力量为官兵战备、训练、工作和生活提供良好的服务保障。建设服务部队现代化建设的后勤，必须确立"服务高于天"的思想意识，做到能服务、服好务、服务到位，全面提高保障部队现代化建设的质量与水平。主要是加强以下几个方面的工作：一是统筹配置资源，明确服务方向。以军事需求牵引部队建设，建立完善军事需求、规划计划与资源配置有机结合的运行机制，解决好"往哪投、投多少、怎么投"的问题。二是完善标准制度，规范服务行为。加紧构建集供应、消耗和管理于一体的后勤标准制度体系，扩大覆盖面、增强适用性、强化执行力，实现日常维持性开支按标准经费运转、统筹配发实物按消耗标准供应、建设性保障按制度规范管理。三是深化改革创新，提高服务效益，完善联勤保障体制，成建制成体系推进军队保障社会化，深化职工管理、预算、工资、保险、医疗和住房等制度改革，尤其要规范采购秩序，坚决叫停不符合限定条件的单一来源采购，切实把采购需求、计划、实施、管理和监督全部关进制度的"笼子"。四是严格审计监督，确保服务质量，突出领导干部经济责任审计、易发多发问题领域审计，坚持党委管、审计审，强化审计惩戒问责，切实使审计监督成为经费用于作战、转化为战斗力的保底工程。

2013年冬，原总后勤部31名机关干部到雪域边防一线连点蹲连住班体验疾苦，梳理出11类1 300多个保障难题"清单"，报经军委批准，列入计划"一揽子"解决。次年又派出32人赴内蒙古边防一线连点调研，倾听官兵呼声，安排700余项建设任务。驻海拔3 000米以上高原部队官兵吸上了氧，2 183个保温菜窖落户"三北"地区和西藏边防。红其拉甫、神仙湾等艰苦边远一线连队都通上了车、用上了电、喝上了放心水，精细化的后勤保障，极大地提高了官兵投身强军兴军事业的热情。

3. 建设向信息化转型的后勤。

实现后勤转型是加快转变保障力生成模式的重要途径，是培育保障力新的增长点的重要环节，也是提高后勤核心保障能力的关键所在。建设向信息化转型的后勤，必须强化信息主导理念，正确处理好后勤机械化与后勤信息化建设的关系，加快后勤信息化建设步伐。按照全军信息化建设路线图，坚持以后勤信息化骨干工程为抓手，以统一后勤数据、技术体制、系统软件、工程建设为途径，大力推进信息系统融合集成和信息资源开发，努力走出一条符合发展规律、体现我军特色的后勤信息化建设路子。突出抓好"五个环节":一是充分运用物联网等技术,依托后勤一体化指挥平台和人员、物流系统,实时采集处理战场数据,自动收集汇总需求信息,实现需求实时感知;二是全流程、全要素掌握保障物资和后勤力量的数量、质量、状态,实现资源可视掌控;三是依据战场需求和保障可能,区分轻重缓急,优化生成保障方案,提高后勤指挥效率;四是合理选用运输方式手段,快速准确投送兵力物资,实现配送精确定向;五是根据战争情况变化,随时调整保障任务,有效指挥和控制保障活动,实现行动全程调控。

小小军人标识牌,战场保障大变革。2013年11月,经中央军委批准,军委后勤保障部启动军人标识牌研制工作,经过技术攻关、联合研制和在陆军部队小范围试用,目前已完成相关产品的研制和联调联试。军人保障标识牌不仅增强了军人荣誉感、责任感、身份认同感,更代表着战场后勤信息化建设的新进步,解决了战场伤员救治中发现、登记、运输、分类、救治等诸多难题。随着后勤建设信息化转型的进一步深入,油料、军交等战场后勤其他领域,也将逐步贴上"标识牌",实现保障效能倍增。比如,后方根据战车油箱上"标识牌"的反馈,准确掌握战车位置以及所需油料种类、数量,在战车缺油前送达;运输车队上的"标识牌"根据送达单位的位置变化,自动分析战场态势,为车队推荐最佳行进路线……

围绕"需求实时感知、资源可视掌控、决心及时准确、配送精确定向、行动全程掌控"目标,军民融合物联网、军人保障标识牌、战场联合搜救等信息系统建设取得新进展,我军后勤信息化建设向为战管用迈进。

(二)加强联勤保障力量建设

现代战争的突出特点,是陆、海、空、天、电多维一体,诸军兵种联合作战成为主要作战样式。联合作战必然要求联勤保障。从近期几场现代战争实践看,联勤保障是一体化联合作战的内在要求,也是世界各国军队实现后勤转型的普遍选择。我军自20世纪50年代开始探索三军统供的联勤保障路子,2000年在全军实行以军区为基础的联勤体制,2007年在济南战区实行通专一体的"大联勤"体制,取得了显著成果,但也存在着后勤保障体制不顺、力量分散、管理粗放等问题。为适应打赢信息化战争要求、适应新的领导指挥改革要求,我军对联勤保障体制进行深化改革。

2016年9月13日,中央军委联勤保障部队成立大会在北京八一大楼隆重举行。中共中央总书记、国家主席、中央军委主席习近平向武汉联勤保障基地和无锡、桂林、西宁、沈阳、郑州联勤保障中心授予军旗并致训词①,标志着具有我军特色的现代联勤保障体制正式建立,我军在联合作战、联合训练、联合保障的制胜之路上迈出关键性步伐。

组建联勤保障基地和联勤保障中心,是党中央、习近平主席和中央军委着眼于全面深化国防和军队改革作出的重大决策,是深化军队领导指挥体制改革、构建具有我军特色的现代联勤保障体制的战略举措。这次改革,紧紧围绕实现党在新形势下的强军目标,对后勤保障体系进行重塑与再造,形成了以联勤部队为主干、军种为补充,统分结合、通专两线的保障体制。一是坚持联勤保障方向,科学设置体制模式,合理区分职能定位,建立顺畅高效的联勤组织体系。二是坚持联战联训联保一体、平战一体,强化军委、战区联指的集中统一指挥,增强联合保障的针对性时效性。三是坚持能统则统、宜分则分,优化资源配置,调整任务区分,形成专用自保、通用联保的保障力量格局。四是坚持走军民融合的路子,推进社会化、集约化保障,精简军队后勤保障机构和人员,提高联勤保障整体效益。

---

① 参见《解放军报》2016年9月14日。

第四章 秣马厉兵：不断拓展和深化军事斗争准备

联勤保障部队成立后，各级聚焦能打胜仗，牢固树立战斗队思想，坚持战斗力标准，深化军事斗争后勤准备，努力提高一体化联合保障能力，确保随时拉得出、上得去、保得好；大力推进改革创新，优化制度机制，不断提高管理科学化水平；强化服务意识，改进保障方式，严格政策制度，为军队建设提供优质高效保障。

无锡联勤保障中心强化服务意识改进保障方式[①]。无锡联勤保障中心党委着力强化服务意识，改进保障方式，做好供应保障，服务官兵、服务战斗力、服务部队建设，切实让官兵感受到联勤改革的生命力。联勤改革调整后原有保障关系被打破，该中心抓紧进行保障渠道重构和恢复，与保障体系单位对接保障计划，与地方有关部门建立业务关系，突出经费、被装、油料、食品供应、体系医疗、运输投送和军事设施建设等任务衔接转换，为平稳接续保障打下扎实基础。战区部队新兵刚踏进军营，该中心就组织技术人员采集被装数据，并对所属军需仓库被装物资进行统筹调拨配置，确保新战士穿上合体军服；某医院为新纳入保障体系的军兵种伤病员开辟绿色通道，着力提升服务保障质量……成立以来，该中心高效组织各类供应保障，圆满完成战区多军种跨区机动、海实兵对抗、新兵运输等重大任务联勤供应保障。

沈阳联勤保障中心着眼使命加速保障数据融合。实现联战联训联保，关键要构建适应信息化联合作战的保障体系，搭建起三军共享共用公共服务大平台。沈阳联保中心党委针对"未来信息化作战，数据是基础更是关键"的特点，把保障数据融合建设作为重点突出出来，专门制订数据融合计划，通过整合战区各军兵种情报信息、力量要素、保障模块、指挥控制等信息单元，推动各军兵种实现统一信息编码、统一接口标准、统一交换格式的目标，着力构建上下一体、左右衔接、融合共享的"联保数据中

[①] 参见《解放军报》2016年10月18日。

心"。"联保数据中心"对辖区内军事交通数据进行全方位采集，积极构建军事交通辅助决策系统，打造辖区内各军兵种共用的"导航"平台。"导航"平台既可通过网络进行实时查询，也可印制成纺织地图随身携带。展开地图，公路、铁路、机场、码头、口岸等部队出行的交通信息要素一应俱全，既可以随时为部队机动选择最佳路径，又可以与地方交通战备部门进行精准对接，及时制订最优保障方案。沈阳联勤保障中心把保障数据融合作为联勤改革开局运行的"重头戏"，为联战联训联保提供了有力的信息平台支撑。

（三）加强战略投送能力建设

战略投送是指为达成战略目的、综合运用各种输送手段、组织军队快速机动和装备物资输送的行动。战略投送表现为跨域、跨疆投送，即超越区域或国界的限制，把兵力投送到目标区，是陆运、海运、空运三位一体的战略行动。能不能按照战略企图和作战任务，把兵力迅速准确地投送到指定地域，直接影响甚至决定军事行动的进程和结局。加快我军战略投送能力建设，必须以能打仗打胜仗强军思想为指导，坚持投送牵引、体系建设、融合发展、一体保障，围绕运载装备、交通设施、保障力量和指挥控制等能力要素，进一步明确任务、研究对策、务实推进，为完成现代后勤"三大建设任务"、保障我军有效履行历史使命提供有力支撑。

第一，按照军民一体的要求打牢战略投送力量基础。国家交通运输资源始终是提升战略投送能力的重要支撑。长期以来，我军在利用国家交通运输资源上做了大量工作，战略投送能力有了显著提高，确保了各项军交运输保障任务的完成。进一步增强战略投送能力，应在挖潜、拓展、创新上下功夫。挖潜重在力量整合，主要是依托国有航空公司、大型海运集团和公路运输企业，以现有的国防交通专业保障队伍为基础，组建一定规模的战略投送支援力量，制定完善应急使用方案计划，建立长效运转机制。拓展重在力量完善，主要是按照专业对口、建用一致的原则，适度发展军交运输预备役部队，进一步丰富投送力量体系的形式和内容。创新重在力量运用，主要是积极探索大型飞机、高速列车、快速客轮投送建制部队的方式方法，在多式联运、应急转运、空地衔接、岸海衔接等投送组织实施方面走出新路子。在用好国家交通运输力量的同时，还应当加快发展军队战略投送拳头力量，逐步形成以国家战略运输力量为主体、以军队拳头力量为骨干、以预备役交通运输部队为补充的战略投送力量体系。

第二，按照平战一体的要求优化战略投送功能结构。目前我军战略投送能力还存在较大差距。增强战略投送能力，必须按照平战一体的要求，通过强基础、补短板、填空白，优化功能结构，实现铁路、公路、水面、空中综合运用、远中近程相互衔接。强基础，主要是综合考虑多方向战略投送需要，完善主要方向、重点地区以及衔接境外的交通基础设施，增强重要车站、港口、机场的国防功能，提高立体交通网络的通达深度和完备程度。补短板，主要是针对海空投送弱项，在加快发展军队骨干装备的同时，积极探索地方为主、军队适当补助方式发展海空投送装备的路子，依法加大民航飞机、民用船舶设计建造贯彻国防要求力度，弥补军队海、空投送能力不足。填空白，主要是着眼战略投送保障链的无缝衔接，有针对性地加强应急转运和机动装卸能力建设。

第三，按照三军一体的要求完善战略投送运行机制。战略投送的全局性强，需要统筹使用军地交通运输力量，必须有顺畅高效的运行机制作保证。多年来，通过全国交通战备系统和全军驻交通沿线军代表系统，已经建立了依托国家交通运输资源进行战略投送力量建设、利用国家运力实施战略投送的运行机制。进一步增强战略投送能力，应继续推进战略投送力量统筹与运用机制的健全完善，逐步形成统筹规划发展、分类建设指导、集约安排使用的战略投送运行模式。同时，与国家交通运输管理体制改革相适应，进一步加快《国防交通法》立法进程，加强全国交通战备机构建设，创新全军驻交通沿线军代表机构派驻方式，为构建军地一体的战略投送力量体系提供有力的体制机制保证。

由于空中战略投送具有快速、高效、远程等优势，是战斗力的倍增器。有数据表明：投送能力每提高1倍，部队战斗力指数就能增长2~3倍。2016年7月6日，运-20飞机正式列装空军某部。运-20飞机既能执行战略战术空运空投任务，也能实施洲际远程和不经停跨越国土空运任务。运-20飞机的顺利研制并正式列装部队，实现了我国空中战略投送装备自主发展重大突破，标志着我军战略投送力量建设取得的重大突破，必将为维护国家利益和世界和平架起更远、更畅通的"空中桥梁"。

五、打造高素质军事人才方阵

强军兴军，要在得人。加强高素质干部队伍建设，大规模培养高素质新型军事人才，是实现强军目标的战略性要求。习近平主席深刻指出："我们搞现代化建设、抓军事斗争准备，固然有经费和装备上的问题，但最核心的问题是人才。没有钱国家可以逐步增加投入，没有装备可以抓紧研制，但有了钱和装备、没有人才也不行。"[①] 加快军事斗争准备，必须大力实施人才战略工程，走开军队院校教育、部队训练实践、军事职业教育"三位一体"的人才培养路子，把联合作战指挥人才、新型作战力量人才培养作为重中之重。逐步建立起适应现代军队建设和作战要求，系统完备、科学规范、运行有效、成熟定型的干部制度体系。

---

① 《习主席国防和军队建设重要论述读本》，解放军出版社2014年版，第87页。

（一）构建"三位一体"的人才培养体系

军队院校教育是为适应战争和军队建设需要，有目的地促进学员素质全面发展的教育实践活动。部队训练实践是着眼提升作战能力而进行的单个人员战技术训练、分队训练和部队整体训练的活动。军事职业教育是以军队院校通识教育、部队专业训练为基础，依托远程教育平台，按照"缺什么补什么"的原则，按"菜单"选课进行的自主学习、精确学习的新型教育模式。军队院校教育是我军人才培养的主渠道，部队训练实践是锻造打胜仗人才的实践环节，军事职业教育是二者的有益补充，是对军人职业素养的全面提升。努力推动军事人才建设整体水平跃升，必须构建院校教育、部队训练实践和军事职业教育"三位一体"的新型军事人才培养体系，形成军事人才全时全域全员教育培养格局。

第一，发挥军队院校培养人才的主渠道作用。实现强军目标，建设世界一流军队，我军院校建设必须坚持院校优先发展战略，全面贯彻党的教育方针，深入研究现代军事教育特点和规律，坚持走以提高质量为核心的内涵式发展道路。加快军事院校规模结构和力量编成改革调整，着眼未来联合作战对人才的要求，有效整合办学资源，优化院校比例结构，形成初、中、高级院校培训衔接有序、层次合理的院校培训体系。坚持面向战场、面向部队、面向未来、面向聚焦打赢信息化战争搞教学、育人才。更新教育理念、创新培养模式，进一步优化课程设置，规范教学内容，强化实践锻炼，严格考核评估，加大教员培训和教学保障力量，加强协作交流，走出一条有利于高素质新型军事人才成长的新路子。

第二，发挥部队实践培养的主战场作用。实践出真知。优秀人才必须在实际工作中磨砺检验，在敢于担当中历练成长。我军的军事斗争准备、部队训练实践和完成多样化军事任务的实践为锻造高素质新型军事人才提供了基本平台。打造适应未来战场及完成多样化军事任务需要的人才队伍，必须构建院校与部队紧密衔接的人才培养机制，努力探索出一条立足岗位历练、全员成长成才的人才培养路子。坚持把完成重大任务作为培养人才、检验人才的重要舞台，使优秀人才在部队建设和军事斗争准备中练本领、长才干，在完成急难险重任务中经风雨、受历练。

第三，发挥军事职业教育的"终身培训"作用。军事职业教育是院校教育、部队训练的拓展补充，是素质教育在军事领域的重要实现方式。当今世界，社会经济、军事、科技发展迅猛，只有不断学习、终身学习，才能适应社会发展需要。加强军事人才职业教育，既是官兵个体成长发展的需要，更是军队履行使命任务的需要。必须把军事职业教育作为提升军事人才职业特质、专业品质、创新素质的重要途径，贯穿于官兵军旅生涯的全过程。建立与军事职业能力提升相适应的军事职业教育体系，有计划地开展全员学习、开放学习、终身学习活动，使军事人才适应战争形态和军事发展的需求。

（二）着力培养联合作战指挥人才

千军易得，一将难求。实现强军目标需要指挥、技术、管理、保障等各类人才，相比较而言，当前最紧迫最突出的是联合作战指挥人才缺乏的问题，这也成为影响和制约军事斗争准备的"瓶颈"。因此，必须适应联合作战发展需求，突出抓好联合作战指挥人才培养。

第一，联合培养。借助院校培养深造，系统学习联合作战理论和军兵种作战运用，熟知各部队作战能力和主要武器装备性能，成为战例通、敌情通、地形通；开展在职学习培训，通过知识讲座、定期轮训等形式，丰富知识储备，提高联合素养；开通网络学校，组织远程培训，进一步拓展思维视野。

第二，岗位交流。走开交叉任职的路子，创设能上能下的交流平台，加大作战部队与机关院校，以及跨军兵种之间的互换任职力度，既要"搭好台"，更要"唱好戏"，助推能力素质结构整体优化。

第三，优胜劣汰。全程培养、全程跟踪、全程考察，可以采取学分制、升级制、考评制等办法，加强过程控制，严格标准条件，宁可虚位以待，决不降格以求。

第四，训用一致。严把入口关，完善资格认证，切实把没经过培训、能力不足、经历不符的挡在门外，把联合素养高、经过相应培训、联演联训经历丰富的用起来；周密制定培养计划，科学设计成长路线图，使培养方向与岗位需求相一致；不断匡正选人用人风气，一级抓一级，一级带一级，切实维护训用一致的严肃性、权威性。

第五，实践磨砺。培养联合作战指挥人才，既要靠各级教育提高，更要靠沙场点兵摔打。要通过实践化训练、实案化研练、实战化锤炼，提升联合决策能力、作战指挥能力和计划协调能力。同时，还要注重安排他们在国际维和、维稳处突、抢险救灾等非战争军事行动中经受磨炼。

为切实加强联合作战指挥人才培养，原四总部联合颁发《联教联训实施办法》，打破指挥人才培养壁垒；原总参谋部、总政治部联合下发《加强联合作战指挥人才培养的意见》，建立我军联合作战指挥人才专业化培养模式……一系列政策举措的出台，为联合作战指挥人才、新型作战力量人才培养铺就了一条"快车道"。陆军某集团军着眼一体化联合作战使命任务，安排营级以上干部参加中级指挥培训，进入院校学习联合作战指挥。海军陆战队连续几年在隆冬时节跨区机动数千公里分赴塞北大漠、白山黑水、西北戈壁，开展野外生存、实兵对抗等训练演练，全面提升海军陆战队全域作战能力。各军兵种部队紧紧抓住、抓好联合作战指挥人才和新型作战力量人才建设这个"牛鼻子"，使军事斗争人才准备往前赶、往深处走，日益成为带动战斗力整体跃升的"新引擎"。

南部战区打造"没有围墙的联合作战学院",加快联合作战指挥人才培训。① "没有围墙"体现的是开放性,集聚军内外优质资源,突出实践教学环节,立足联合岗位培训。南部战区坚持把培训与战区联合作战指挥能力建设需求相结合,与战区联指人员培训经历和能力现状相结合,与院校联合作战指挥专业相结合,探索"名师式"授课、"联动式"培训、"灵活式"教学模式,努力着力打造一支战区联合作战指挥人才队伍。为确保培训效果,战区依据联合作战指挥人才素质标准,研究制订培训认证考核办法,分门别类对培训人员进行综合考核评定,成绩合格者颁发上岗资格证书,考核结果将作为干部考评的重要依据,与立功受奖、晋职晋衔等直接挂钩。通过采取这些有效措施,不断强化战略战役素养,锤炼联合作战指挥能力。

东部战区开展"四个基本"学习训练活动,磨砺联合作战指挥基本功。针对少数指挥员和参谋人员联合意识不够强、联合指挥能力素质差距较大等问题,东部战区坚持以基本知识、基本理论、基本动作、基本技能"四个基本"学习训练活动为抓手,深研基本知识和基本理论提高理论素养,训熟基本动作提升操作水平,练精基本技能强化综合运用,打牢联合作战指挥基本功。战区采取集中教学和个人自学相结合的方式,加强法规规定、业务知识学习与技能训练,每周组织安全形势分析强化战略素养,每月组织 1~2 次军事理论专题讲座,一人不落地展开考核验收和值班资格认证。结合战区军种大项联合演训活动,先后组织战区机关干部 100 余人次跟训见学,熟悉军种指挥方法、指挥流程和指挥手段,掌握军种主战装备实际性能和作战运用。以指挥控制、侦察情报、信息保障等要素为重点,采取单级训练、多级联训等方式,促进指挥要素协同、多级要素联动、指挥要素和保障

---

① 参见《解放军报》2016 年 8 月 16 日。

力量有机融合，帮助大家开阔战略视野、增强联合意识、提高指挥本领，努力打造"懂军种、通联合、精指挥"的联合作战人才群体。同时，利用战区联指中心值班、指挥所演练、组织指挥日常战备和非战争军事行动等时机，坚持把情况设全、强度设大、险度设高，使人人经受实践锤炼，提升指挥处置复杂情况能力。通过"四个基本"活动，夯实了指挥员和参谋人员联合作战指挥能力基础。

（三）加强新型作战力量人才培养

新型作战力量是信息化条件下战斗力新的增长点，对于提高我军能打胜仗能力具有十分重要的作用。加强新型作战力量人才培养，要以部队新质战斗力建设和武器装备的人才需求为重点，做到优先培养补充，优先提拔使用，优先投入保障。通过制定专项人才工程，牵引新型作战力量人才建设，努力造就一支与军队建设发展相衔接，与其他作战力量人才建设相协调，与作战任务部队专业匹配一致，信息化素质高、人才结构合理、岗位素质过硬，与装备列装同步的人才队伍。加强新型作战力量人才培养，应适当调整目前军队院校职能分工，扩大新型作战力量人才培养规模，优先安排新装备列装部队的人才培训，同时部队要吸引保留新型作战力量急需的专业人才。

2015年12月31日，中国人民解放军战略支援部队宣告成立。这支新诞生的部队，是国防和军队改革的"大作品"，也是中央军委优化整合资源、高起点推进新型作战力量一体发展的"大手笔"，同时也是新型作战力量人才培养的"大举措"。战略支援部队的成立，将为我军新型作战力量人才建设提出新的需求牵引和实践舞台，极大促进新型作战力量人才建设整体水平大的跃升。

为抓好创新人才培养、尽快形成新质作战能力，战略支援部队某部在充分调研的基础上制定下发了《关于贯彻落实创新驱动发展战略的若干意见》，提出了贯彻落实创新驱动发展战略的总体要求、创新主攻方向、创新人才队伍建设、创新服务保障体系、创新精神培植、落实责任等6个方面20余个重点内容（被官兵称为"创新发展20条"）。"创新发展20条"聚焦"打仗和支援打仗"职能任务，不仅对创新攻关主攻方向、重点任务进行了明确，还在扶持科研团队、吸引保留人才等方面打出了一套"组合拳"：启动科技创新人才培养战略工程，建立首席专家制度，出台一人一策培养、打造优秀创新团队等措施，向用人主体放权，为人才松绑；完善制度规定，充分保证高级专家对技术决策的知情建议权、科研方向的自由探索权、团队成员的优先选配权、项目经费的自主支配权；改善科研人员福利待遇，建立专家学术休假疗养制度，完善高科技人才住房保障机制。通过有效落实"创新发展20条"，该部科研创新热情空前高涨。所属某基地科研创新团队聚力攻关，完成了某项电波实时修正等一批重大课题；某中心博士后工作站把实验室搬到武器试验一线，把研究课题与战斗力生成对接……一系列新的科研创新成果强力驱动着新质战斗力加速生成。

第五章

瞄准实战：从严从难从实战出发训练部队

兵可以百日无战，决不可一日不练。军事训练水平上不去，军事斗争准备就很难落到实处，部队战斗力也很难提高，战时必然吃大亏。习近平主席深刻指出："军事训练是未来战争的预演。要在全军形成大抓军事训练的鲜明导向，从实战需要出发从难从严训练部队，着力提高军事训练实战化水平，使部队都练就过硬的打赢本领。"[①] 全军和武警部队坚决贯彻落实习近平主席一系列重要指示，紧紧扭住能打仗、打胜仗这个强军之要，坚持把军事训练摆在战略位置，深入推进实战化军事训练，不断提高部队实战化水平。

一、提高实战能力的重要途径

"军无习练，百不当一；习而用之，一可当百。"军队训练是部队的经常性中心工作，是培养军人军事素质的基本方式，实现人和武器装备有机结合的有效手段，增强指挥员组织指挥信息

[①] 习近平同志在十二届全国人大一次会议解放军代表团全体会议上的讲话《牢牢把握党在新形势下的强军目标　努力建设一支听党指挥能打胜仗作风优良的人民军队》，载于《解放军报》2014年3月12日第1版。

化作战能力的基本方法，锻造部队英勇顽强战斗作风的重要场所。只有把军事训练摆在战略地位，从难从严从实战出发训练，才能有效提高部队实战能力。

（一）培养军人军事素质的基本方式

从认识论角度看，人们对某种知识、技能的掌握，离不开实践。对于军人来说，其军事知识、军事技能的掌握，只有通过系统、规范、严格的军事教育、训练这一实践活动来实现，除此之外，别无他途。只有通过由浅入深、循序渐进，有计划、有步骤地组织实施军事教育与训练，才能使军人逐渐扩展知识、增强技能，熟练掌握各项军事技术、战术要领，增强组织指挥部队高度一致地完成作战任务的能力。

当然，军事训练对于军人素质的提高，需要反复磨砺和逐步积累。反映在训练内容上，就是按照由基础到应用、由技术到战术、由初级到高级进行优化组合，形成科学合理的内容体系，使受训者逐渐增强军事知识和军事技术战术。反映在训练的组织形式上，就是按照由单项、单兵、单件兵器的训练，到各级合成训练直至联合训练，形成多层次有系统的训练体制，保证部队整体战斗力的提高。反映在训练过程上，就是由基础训练到战斗战役的综合演练，依次递进、连贯实施，不断巩固和提高官兵的军事素质。

（二）人与武器装备结合的有效手段

人和武器是构成军队战斗力的最基本要素。人只有与武器紧密结合，才能形成战斗力。人作为战斗力最具能动性的决定性要素，要熟练掌握手中的武器，必须通过军事训练来实现。只有通过严格的训练，才能了解武器装备的技术性能，才能熟悉地操作使用各种武器装备，达到人和武器装备的有机结合。同时，由于武器装备的体系性，只有通过严格的专门训练和综合训练，才能使各类人员根据武器装备操作使用的分工要求,在各自的岗位上各司其职,步调一致、协调行动,真正发挥武器装备整体威力。对此,英国人斯莱塞曾指出:"无论飞机、武器或机载雷达如何精良,最终总是人的因素在战争中起作用,这就是说,只有经过训练的人才能把发现潜艇变为不仅是深水炸弹在水中的几声爆炸,而是确实将潜艇击沉。"①

一支军队,无论部队的武器装备如何精良,如果官兵不能熟练使用这些精良武器装备,不了解其基本原理,不熟悉其性能,不懂得保养和维修,也就是一堆废铁,不能形成现实的战斗力。这就正如刘华清同志所指出的:"武器装备的现代化固然是军队建设的物质基础,但一支军队缺乏训练,装备再精良也打不了胜仗。决定性的因素,还是训练有素的官兵。"② 因此,必须熟练掌握手中的武器装备。

随着科学技术的发展,武器装备的科技含量越来越高。微电子技术、光电子技术、计算机技术、新材料技术、新能源技术、航天技术等大量应用到武器系统中,导致了一系列智能化武器装备的出现。那么,高新技术武器装备的效能如何才能充分地发挥出来呢?毫无疑问,还是要通过严格的军事训练,增强人的操作技能,实现武器装备与人的有机结合。"实践证明,有的现代化装备,可以用金钱买来,但驾驭现代战争的能力买不来。只有通过严格的教育训练和实践锻炼,才能培养出驾驭现代战争的人才。"③

(三)培养指挥能力的基本方法

毛泽东同志指出:"做一个真正能干的高级指挥员,不是初

---

① [英]普赖斯:《空潜战》,海洋出版社1980年版,第198页。
② 《刘华清回忆录》,解放军出版社2004年版,第623页。
③ 《张震军事文选》(下卷),解放军出版社2005年版,第516页。

出茅庐或仅仅善于在纸上谈兵的角色所能办到的,必须在战争中学习才能办得到。"① 在长期的革命战争中,我军在战争中学习战争,一大批优秀的军事指挥员经过战争的血与火的洗礼,脱颖而出。而当军队进入和平时期,大的世界战争一时打不起来,绝大多数部队没有实战的机会,如何保证和不断增强各级指挥员指挥部队作战的能力呢?这就得依靠军事训练。对此,邓小平同志曾深刻指出:"现在不打仗,你根据什么来考验干部,用什么来提高干部,提高军队的素质,提高军队的战斗力?还不是要从教育训练着手?"② 事实上,和平时期通过教育训练提高指挥员的素质不仅具有必要性,而且具有可行性。战争实践和训练实践,从本质上说,都是一种军事实践活动,对于增强军事指挥员素质,都具有十分重要的作用,各有所长。

一些在战争中大显身手的杰出人物,往往首先在训练中就崭露头角。苏联元帅朱可夫,在苏联卫国战争时期因善于组织大兵团作战而闻名于世。其卓越的才能,就是在战争爆发之前刻苦钻研军事、有效组织各种对抗训练和军事演习而养成的。朱可夫26岁担任骑兵团长时成功地组织了第一次骑兵演习,受到师长的赞许。两个月后率团参加军区演习,以优异的成绩获得著名的军事家图哈切夫斯基的称赞。1941年在苏联国防人民委员会主持举行的大规模战役演习中,充当"蓝军"司令的朱可夫,竟然击败了"红军",受到了斯大林的肯定。可以说,没有大量对抗演习实践的锻炼,朱可夫是难以在卫国战争中那样骁勇善战并建立殊勋的。

军事训练是和平时期培养和造就军事指挥人才的"战场"和"课堂"。必须进一步强化军事训练培养人、造就人的功能,抓好官兵的智能、技能、体能和心理训练,培养军政兼优、指技

---

① 《毛泽东选集》第1卷,人民出版社1991年版,第181页。
② 《邓小平文选》第2卷,人民出版社1994年版,第60页。

合一的复合型人才。注重在军事训练和急难险重任务中培养和考察干部，按照打仗的要求选干部、配班子，真正把那些懂打仗、会指挥的干部选拔到领导岗位上来，让他们在实践中锻炼成长。

（四）锻造战斗作风的重要场所

战斗精神是部队战斗力的重要组成部分，是在军事对抗中动员起来的一切思想、情感、斗志、胆量、气节等精神因素的凝结与升华。振奋的军心士气、勇敢的战斗作风、顽强的对抗意志、强烈的战备观念和能动的创造精神等，都是战斗精神的具体表现。"三军可夺帅，匹夫不可夺志"。任何一支军队，如果没有战斗精神的激励和支撑，即便武器装备再精良，技术条件再先进，也难以取得战斗的胜利。

战斗精神表现在战时，培育在平时，关键在养成。对此，苏联军事学家季亚琴科曾指出："经验证明，军人高尚品质的形成，只有在那些能够严格按照条令要求组织军人的训练、日常生活和勤务的部队和分队中才能顺利地实现，只有在那些对军人守则遵守得比较坚决的、各个环节的组织性比较高的部队和分队中才能获得成效。"① 培育广大官兵高尚品质和勇敢顽强的精神，就要严格按照条令条例进行规范化训练，养成军人良好的举止气质；就要从严从难从实战出发加强军事训练，构建各种严酷、复杂的训练环境，通过激烈的对抗性训练和各类实战演习等军事训练实践活动，在挑战艰难困苦和迎战风险的考验中，培养官兵令行禁止、雷厉风行的战斗作风，锻造官兵遇险不惊的心理素质和勇于牺牲奉献的英雄气概。

---

① ［苏］季亚琴科：《军事心理学》，黑龙江人民出版社 1985 年版，第 272 页。

二、仗怎样打、兵怎样练

平时多流汗,战时少流血。训战一致、教养一致从来都是军事训练的永恒法则。战争是残酷的流血的政治,是敌我双方高强度对抗、生死搏斗。只有经过长期刻苦的训练,才能锻炼出军人忍受各种艰难困苦的耐力、毅力和体力,沉着冷静的心理素质,协调一致的战术和技术能力以及英勇顽强的战斗作风,从而经受住战争的严峻考验。

(一)打仗硬碰硬,训练必须实打实

苦练出精兵,一支能征善战的军队,必须是平时训练有素的军队。古今中外无数战例,都反复证明了"有兵不练,与无兵同;练不为战,与不练同"的道理。宋代"岳家军"、明代"戚家军",之所以所向披靡、战无不胜,其中一个重要原因就是训练有素、军纪严明。满清八旗兵曾是"虎狼之师",但后来文恬武嬉、屡战屡败,特别是北洋水师,训练流于形式,演练弄虚作假,在甲午海战中全军覆没,留下椎心泣血之耻。

打仗硬碰硬,训练必须实打实。只有按照实战化要求严格训练,紧贴实战需求练兵,瞄准作战对手练兵,才能提高部队实战能力。我军从无到有、从弱到强,与战争相伴相生,可以说,实战化训练一直陪伴着我们这支人民军队的成长,实战化训练一直是我们这支人民军队战胜打赢的法宝。

毛泽东同志等老一辈无产阶级革命家在南征北战的戎马生涯中,从武装斗争任务和战争条件出发,深入考察了作战与训练的具体属性,透彻揭示并有效解决了军事训练的理论及实践问题。1928年11月,毛泽东同志就曾经谈道:"普通的兵要训练半年一年才能打仗,我们的兵,昨天入伍今天就要打仗,简直无所谓

训练。军事技术太差,作战只靠勇敢。"因而他明确要求"红军必须在边界这等地方……练出好兵。"指出:比较能打胜仗的军人,是"在长时间内认识了敌我双方的情况,找出了行动的规律,解决了主观和客观的矛盾的结果。"① 1946 年 5 月,鉴于国民党即将发动全面内战,他又果决地命令"全军练兵,上级督促检查,将此看成决定胜负的关键之一"。毛泽东同志的这些论述和指示,我们理解,有以下思想内涵:一是"以训适战",强调在战争或相似形态的军事实践中进行训练的必要性,以使训练更好地适应作战。二是"训战统一",强调训练的目的是为了作战,训练与作战是统一的,无论是实施模拟战争的训练,还是借助战争施行训练,都是为了认识、把握和预测战争规律,使作战的主观指导符合战争的客观实际。三是"以战治训",强调作战是检验训练效果的标准,必须以实战需要来检验考评训练,治理训练,以提高训练的针对性、适用性和质量。

为了实现作战与训练的充分结合,毛泽东同志等老一辈革命家明确地提出了"练为战"这一军事训练最根本、最重要的指导思想。1945 年 4 月,毛泽东同志要求全军"加紧整训,增强战斗力",目的是"为最后打败侵略者准备充分的力量"②。1951 年 9 月,朱德同志指出:"我们所以要进行现代化、正规化的训练,是因为我们现在所处的环境和所进行的战争,从各方面来说,都和过去不同了。"③ 其他身经百战的老帅,也都分别表述过相同的思想,刘伯承同志强调:"将来仗怎么打,现在兵就怎么练";贺龙同志提出:"练兵必须注意实战需要,不要搞那些不练技术的形式主义";罗荣桓同志说:"练与用不是分离脱节的,前者以训练为主,后者以战斗为主";聂荣臻同志强调:军

---

① 《毛泽东选集》第 1 卷,人民出版社 1991 年版。
② 《毛泽东选集》第 3 卷,人民出版社 2002 年版。
③ 胡鸣皋、李大伦主编:《全军毛泽东军事思想学术讨论会论文精选》,军事科学出版社 1992 年版。

事演习要体现"教练、演习、作战的一致";叶剑英同志指出:"军队的训练是为了适应战争的需要,因此,必须使训练和战备结合起来,必须根据实战的要求从难从严来训练部队。"①

"实战化"训练反映了军事斗争的客观要求,也是中国历次革命战争经验教训的总结。抗美援朝战争爆发后,朱德同志在一次军事集训时严厉申令:"今后战场上不能有不会打仗的人,……这一次抗美援朝战争给我们一个很大的经验教训。"②

老一辈革命家的这些教导和我军的实践都表明,"实战化"训练是军事训练的客观要求,也是我军训练始终必须坚持的方向。即使军队由战时转入平时,但坚持训战一致、紧贴实战的训练要求不能改变。从20世纪60年代的大比武、90年代的科技大练兵,到新世纪新阶段军事训练由机械化向信息化转变,我军军事训练始终着眼世界军事潮流的发展趋势,追踪现代战争的发展变化,始终都体现出"仗怎么打兵就怎么练"的时代要求。实战化始终是我军推进军事训练创新发展的"根"和"魂"。我们对"实战"的认识发展到哪一步,军事训练往"实战"方向就跟进到哪一步;什么时候叫响了实战化、落实了实战化,什么时候军事训练质量就有了大的发展、战斗力水平就有了质的跃升。

战争在发展,贴近实战的训练永无止境。实战化强调的是,无论技术手段多么强大、武器多么先进,什么对手都必须战胜;无论是复杂电磁环境还是恶劣天候、生疏地形,什么环境都必须适应;无论是战争行动还是非战争军事行动,什么任务都必须完成;无论是信息化还是机械化,都必须瞄准实战化。可以说,抓住了"实战化",就抓住了推进军事训练转变的支撑点和切入点,就可以更好地把推进训练转变与紧贴实战要求结合起来、落到实处。

---

①② 胡鸣皋、李大伦主编:《全军毛泽东军事思想学术讨论会论文精选》,军事科学出版社1992年版。

（二）探索信息化条件实战化训练

信息化条件下，武器装备信息化程度日益提高，作战方式都在发生深刻发生，战场对抗具有"非线性、非接触、非对称"的特点，但这并不意味着信息化条件下就不需要实战化训练了。恰恰相反，信息化条件下不仅要加强实战化军事训练，而且要根据信息化战争的特点，深化对信息化条件下训练特点规律的把握，校准实战化训练的着力点。

第一，实战化训练环境更具复杂性。复杂性是信息化条件下实战化训练的鲜明特性。这个"复杂"主要体现在训练环境上。未来信息化条件下作战在陆、海、空、天、电五维一体空间展开，作战环境异常复杂。实战化训练首先要与全新复杂的战场环境相匹配，各个层次的训练都要置于这个环境下来进行。与未来信息化条件下作战相适应的复杂训练环境，既包括传统意义上的战场环境和相关的社会、天候、地理等自然环境，也包括以信息技术为主体的电磁环境、网络环境，每个环境又包含着许多交织多变的构成要素。只有从训练的实际需求出发，切实把实战条件下的训练环境设真、设实，把未来打仗的战场环境平移到训练场，才能真正做到"仗在什么条件下打、兵就在什么环境中练"。

第二，实战化训练方向更具针对性。实战化是针对作战任务要求而言的，没有训练方向的针对性，就不能称其为实战化训练，也不会取得应有训练效果。我军加强实战化训练，必须着眼"能打仗、打胜仗"要求，针对阻碍完成国家统一大业的现实对手、针对对我国家安全造成严重威胁的潜在对手、针对非战争军事行动的各类对象、针对相应不同地区的地形、天候特点、针对特定的战场环境训练、针对不同训练层次等，紧紧抓住未来遂行任务的特殊要求来练兵，确保训练成果扎实有效。

第三，实战化训练对象更具普适性。加强新形势下实战化训练，是对所有部队、所有人员的共性要求，不仅战役战术训练要贯彻实战化,而且基础训练、单个人员训练也要贯彻实战化;不仅战技术应用训练、战法对策演练要强调实战化,而且基本知识学习、基本技能训练也要突出把握未来实战要求。只有把实战化要求贯穿到部队训练的每个系统、每个层次、每个要素、每个环节,才能促进实战化训练的效能提高。

第四,实战化训练内容更具前瞻性。信息化条件下的实战化训练,既是创新性很强的实践活动,也是一个不断发展的动态过程。既要立足当前,又要着眼长远。军事理论前沿的不断变化、武器装备的创新发展、体制编制优化调整,都会对训练方法提出新需求、赋予新内涵、确立新标准。对"实战"的理解认识应与科学的前瞻预测有机结合。因此,信息化条件下的实战化训练具有很强的"预实践"性,即今天的训练就是明天的作战。

(三)促进实战化训练格局、层次的跃升

军事训练一向是为提高实战能力、有效履行使命任务服务的。信息化条件下的实战化训练,是为提高信息化条件下实战能力而进行的训练。必须以提高实战能力为根本目标,通过大抓实战化训练,提高军队应对信息化条件下局部战争的整体作战能力。

2014年3月,经习近平主席批准,中央军委颁发《关于提高军事训练实战化水平的意见》,系统提出当前和今后一个时期提高军事训练实战化水平的指导思想、总体思路、主要任务和措施要求。全军上下闻令而动,一个个贯彻实战化军事训练理念的决策部署、一项项推动军事训练实战化的创新举措密集出台。

——着眼破解我军深化联合训练的体制机制性难题,建立联合训练运行机制,成立全军联合训练领导小组,试验形成军以下部队联合训练组织实施办法,颁发全军联合战役训练暂行规定;

——着眼打破"自我训练、自我检查、自我考评"模式,推行军事训练监察制度,建立监察组织机构,开展军事训练职

责、法规、质量和作风监察，通过"第三方力量"推动部队训练向实战靠拢、院校教育向部队靠拢。

——着眼创设实战化练兵环境条件，统筹推进大型训练基地和专业化模拟"蓝军"建设，大力发展实战化训练方法手段，面向全军开放共享训练场地资源，推动训练基地职能作用向诸军兵种联合训练、复杂条件下对抗训练、新型力量新型领域训练、设计战争引领训练拓展。

——着眼创新作战和训练指导，组织全军信息化条件下战法创新集训观摩和战法研讨，进一步廓清现代战争制胜机理、深化克敌制胜招法研究，细化作战相关程序标准，推动战法创新成果进入作战条令、训练大纲。

这一张张"路线图"和"施工图"，为全军官兵深入开展实战化训练明确了具体的目标，提供了清晰的路径。一时间，从南国到北疆，从西陲到东海，谋实战化、钻实战化、干实战化的练兵浪潮席卷座座军营、涤荡火热沙场。从"跨越"系列到"联合"系列、从"机动"系列到"红剑"系列、从"神电"系列到"火力"系列……各系列联合演习演练，不仅在一大批高风险重难点训练课目上取得重大突破，而且凸显了"全系统全要素参与、战略战役力量全覆盖、陆海空天电全维展开"等鲜明的体系化特点，实现了实战化训练格局、层次的跃升。

三、下猛药根治训练不正之风

军事训练实际上是未来战争的预演，来不得半点飘浮和虚假。训风演风考风不正，是对官兵生命、对未来战争极大的不负责任，危害甚大。开展实战化训练，必须端正训练指导思想，坚决贯彻战训一致原则，培养实战作风，坚决纠正危不施训、险不练兵、训练中消极保安等不良现象，真正在实战化环境中摔打锤炼部队。

（一）实战化训练需要培养实战作风

训练作风是部队在训练活动中表现出来的比较稳定的态度或行为风格。实战化训练需要培养实战作风。

第一，遵循科学规律。实战化训练一定是遵循科学规律的训练。不遵循规律，就无法达成实战的标准和要求。具体来讲，就是要将未来战争需要作为军事训练的出发点和归宿点，要立足体制编制、武器装备和环境条件搞训练，要坚持军事训练循序渐进的持续发展过程。

第二，培育职业操守。职业军人和军人职业是两个概念，前者是素质和操守，后者追求的是"饭碗"。作为军人，就不能仅仅把它作为一个职业，而要变成一种追求和信仰。只有这样，开展训练才会迸发出内在的激情和动力。

第三，坚持求真务实。这是我军在长期实践中形成的一种风格，但是由于形式主义等不良因素影响，已有所弱化。这种不求真、不务实的作风危害极大。客观来讲，作风转变是个较长的过程，不可能一蹴而就，而要在长期反复的磨炼中逐步转向和重塑。所以，培育实战作风是个长期工作，既需要我们有坚定的信心，也需要我们不断完善相关的制度。

（二）大力纠治部队训练中的问题积弊

军事训练实际上是未来战争的预演，来不得半点飘浮和虚假。训风演风考风不正，是对官兵生命、对未来战争极大的不负责任，危害甚大。训风考风演风不实的问题，在一些部队不同程度存在。有的训练场上搞形象工程、急功近利、弄虚作假、做表面文章，有的训练演习中存在念稿子、背台词、搞摆练的现象，有的随意降低训练标准和难度强度，该拉的实兵不拉、该带的实装不带、该打的实弹不打。这些问题，平时损害的是部队的作风,战时付出的将是生命。

训练场上的不正之风,是我军战斗力建设的大敌,要想打赢必先革除训练场的沉疴积弊。

训风不正是对官兵生命、对未来战争极大的不负责任,危害甚大,必须坚决克服。2013年7月8日,在中央军委专题民主生活会上,习近平主席要求军委好好梳理一下与实战化要求不符的问题,逐一推进解决。千万不能让战备训练成为花架子,不能让军事斗争准备流于形式,不能让能打仗、打胜仗成为一句空话。

2014年3月,经习近平主席批准,中央军委颁发《关于提高军事训练实战化水平的意见》,系统提出当前和今后一个时期提高军事训练实战化水平的指导思想、总体思路、主要任务和措施要求。紧接着,各大单位结合自身实际,纷纷制定出台落实举措,全军上下很快形成了对训练不实不严现象露头就打、看到就批的浓厚氛围和高压态势。表面的形式主义销声匿迹了,还要将隐性的形式主义连根拔起。全军部队狠抓训风正在向纠治基础训练不落实、战术训练走过场、考核评估搞平衡、不按实战抓训练等深层次问题拓展。

2016年11月24日,以中央军委改革工作会议召开为标志,人民军队历史性改革拉开大幕。陆军领导机构、火箭军、战略支援部队成立,军委机关由4个总部改为15个职能部门,7大军区调整划设为5大战区,海军、空军、火箭军机关完成整编工作……一系列重大改革部署有力有序推进新格局、新使命、新活力。各战区聚焦能打仗打胜仗,工作指导实现从粗放到精准、从虚耗到高效的转变,以专司主营打仗为第一要务的源头活水竞相喷涌。

北部战区数百名师团干部进入战位练指挥,全程只下发10份主体文书、9份保障指示,导调文书较以往大大精减;中部战区一次联合指挥演练中,某席位流转作战文书时延迟不到一分钟,这项指标就被判为零分;东部战区参与组织联合立体登陆演习，传统陆军不再是"老大"，海空军力量运用明显增加。①

各军兵种主建为战，打破思维定式、固有模式、路径依赖，转变职能、转变作风、转变工作方式，从难从严从实战出发锤炼部队作战能力。中央军委训练监察组进驻各战区和军种部分单位，分三个波次实施监察，着力纠治军事训练与实战要求不符的突出问题。

2016年6月，全军实战化军事训练座谈会在京召开，会议对全军实战化训练进行再部署再发动。11月，中央军委印发《加强实战化军事训练暂行规定》，对落实实战化军事训练提出刚性措施、作出硬性规范，为全军部队深入开展实战化训练提供了更加科学、严格、明晰的规范。

全军部队贯彻落实习近平主席从实战需要出发从难从严训练部队的重要指示，大力端正训风演风考风，革除训练场的沉疴积弊，实战化训练呈现出崭新面貌。海军演兵大洋，参演兵力、攻防难度、战场环境复杂度等纪录一再刷新；空军空战训练放开约束条件、对抗空域，突出全天候、打临界；火箭军部队机动距离越来越远，作战半径越来越大，真正做到全域机动、全域慑战；武警部队一次演习带动70个军师级单位提升应急反恐处突能力。陆航主导合成演习、特战分队渗透"斩首"、电子对抗无形绞杀、预警机"鹰眼"飞天……从南国到北疆，从西陲到东海，谋实战化、钻实战化、干实战化的练兵浪潮席卷座座军营、涤荡火热沙场。

（三）坚决纠正以牺牲战斗力为代价消极保安全

危不施训、险不练兵，也是军事训练中的问题积弊。以牺牲战斗力为代价消极保安全，违背了军队建设的基本要求，这样的"安全"毫无价值。而且，以牺牲战斗力为代价换来的只是表面

---

① 参见《解放军报》2016年12月15日。

和暂时的安全,但却隐藏、掩盖着更深层次的不安全、不稳定因素。比如,在军事训练中降低训练标准,危险的科目不练或少练,由于缺乏从难从严要求,官兵能力素质没有得到有效提高,武器装备没有熟练掌握,不能迅速有效地处理安全问题,就可能会导致安全事故。所以,这种以牺牲战斗力为代价换来只是表面和暂时的安全,其结果是"越怕出事越出事"。从长远角度上看,最根本的是严重影响军队战斗力的生成、巩固和提高。对于这个问题,邓小平同志曾深刻指出:"不苦练不仅不能提高本领,还会出事故。"[1] 习近平主席也强调:"打仗硬碰硬,训练必须实打实。军事训练水平上不去,军事斗争准备就难落到实处,部队战斗力也很难提高,战时必然吃大亏。""必须坚持从实战需要出发从难从严训练部队,以真打的决心抓训练,紧盯作战对手抓训练,着眼胜敌制敌抓训练,坚持仗怎么打兵就怎么练,打仗需要什么就苦练什么。""坚决纠正危不施训、险不练兵、训练在消极保安全等不良现象。"[2]

统帅令出,全军行随。砸碎了"以事故定乾坤"的枷锁,演兵场上的火药味越来越浓,实战化新景观频频出现。

空军自由空战训练放开对抗空域、放开高度差、放开气象条件、放开攻防限制,"金头盔""金飞镖"争夺战突出全天候、打临界。松开了"安全带"、放长了"保险绳",各型战机"天高任鸟飞"。某飞行团团长三战三捷,第3次夺得象征空军战斗机飞行员巅峰荣誉的"金头盔"。

2014年盛夏,原第二炮兵某基地开展远程跨区训练,所有导弹型号部队主动丢掉保障"拐棍",铁路卸载不经休整直接开赴发射阵地,依靠自身技术力量独立测试、独立排障、独立对

---

[1]《邓小平文选》第2卷,人民出版社1994年版,第60页。
[2]《习近平主席国防和军队建设重要论述读本》,解放军出版社2014年版,第70~71页。

抗、独立发射，首发成功、发发命中，快速反应和实战能力大幅提升。

挑战人员极限、挑战装备极限、挑战训练极限，2015年俄罗斯国际军事比赛"坦克两项""苏沃洛夫突击"比拼中，面对以前从未经历过的对抗强度、障碍强度、危险程度，我军代表队毫不畏惧、血性突击，一路战胜众多劲敌，最终夺取总评亚军，展示了中国军队风采和实战化训练的成果。

"跨越-2015"陆军合成旅对抗检验演习中，导演部组织力量为参演部队临机设置困局、难局、险局，昼夜实施全程对抗、全程导调、全程量化、全程评估，不断将官兵逼入绝境，其强度之大、难度之高、对抗之烈，均创我军练兵新高。

几年来，坚持聚焦实战，习近平主席指挥带领全军和武警部队进行了一场军事思想领域的大发动、大解放、大扫除；坚持改进作风，全军和武警部队坚决贯彻习近平主席的重要指示，展开了一场军事实践领域的大对表、大变革、大转型。通过大抓实战化训练，全军部队召之即来、来之能战、战之必胜的核心能力显著提升，人民军队真正挺立起了军队的样子；通过大抓实战化训练，全军将士当兵打仗、带兵打仗、练兵打仗的思想更加牢固、行动更加自觉，新一代革命军人切实肩负起了军人的担当。

四、在实战条件下摔打磨砺

提升我军信息化条件下威慑和实战能力，必须扎实开展实战化训练，贴近实战练就过硬本领。坚持仗怎么打兵就怎么练，打仗需要什么就苦练什么，部队最缺什么就专攻精练什么，在实战条件下摔打磨砺部队。

第五章　瞄准实战：从严从难从实战出发训练部队

（一）以实战的需求牵引训练

战训一致是军事训练亘古不变的法则。军事训练的最终目的是为了赢得战争，其最本质的参照系就是实战。开展信息化条件下实战化训练，明确实战需求是前提。实战需要什么，军事训练就突出练什么。当前，战争形态正在由机械化向信息化转变，基于信息系统的一体化作战成为主要作战样式；国际安全格局正在发生深刻变化，国家安全既面临传统安全威胁也面临非传统安全威胁，对军队信息化条件下作战能力提出更高要求。必须着眼未来信息化战争发展要求，着眼瞄准作战对手，着眼提高部队多样化作战能力，以实战需求为牵引，加强军队实战化训练。

第一，着眼未来信息化战争特点规律。毛泽东同志告诫我们："战争和战争指导规律是发展的。各个历史阶段的战争指导规律各有其特点，不能呆板地移用于不同的阶段。"① 坚持"实战化"训练，必须着眼未来信息化战争特点规律，结合我军训练实际创新发展，而不能机械照搬过去经验。未来信息化条件下局部战争一般具有发起突然、进展迅速、争夺信息优势激烈、实施软硬对抗、注重精确打击、突出一体化作战等特点。如果继续沿用过去机械化条件下的训练方式来训练部队，将难以适应未来作战需求。因此，在新条件下，必须强调训练的"预实践"功能，即"训然后战"，而不是"战然后训"。军事训练要充分体现未来信息化战争特点，就要站在战争发展的前沿，针对现代战争特点的新变化，研究军事训练的新任务，将作战需要科学地转换为训练内容；就要站在军事训练发展的前沿，在深入研究依靠科技进步、依托高新技术武器装备形成战斗力以及提高官兵素质与部队整体战斗力上求创新，以军事训练理论的发展带动军事训练内容的更新；就是要站在军事训练实践的前沿，总结新鲜经验，回

---

① 《毛泽东选集》第1卷，人民出版社2002年版。

答军事训练中不断出现的问题，以军事训练实践牵引军事训练内容的更新与发展。

第二，着眼以强敌为重点的多种作战对手。作战对手不同，其作战思想、战术手段、武器装备、作战能力也不相同，与之作战所采取的对策也不同。着眼未来战争需要，关键就是针对具体的作战对手练兵，这是"训战一致"的内在要求。只有真正把作战对手搞清楚，瞄准对手训练，才能有的放矢，提高"打赢"能力。进入21世纪，国际安全环境多化多端，我国周边安全环境更趋复杂，面临的安全威胁来自多个方面、多个层面，各种不稳定因素增加。未来信息化条件下作战，可能是多个方向，多个对手，可能还有强敌干预。即使一个战略方向作战，在其他战略方向也可能出现难以预料的连锁反应。开展实战化训练，必须切实认清我国面临安全威胁的严重性和长期性，着眼最复杂、最困难的情况。认真研究敌情，尤其是要重视应对强敌，把强敌研究透，根据强敌可能进行的干预样式，科学设置多种作战背景，研究针对性措施，演练破解战法，提高打赢未来强敌干预下战争的能力。

第三，着眼提高部队完成多样化军事任务能力。应对多种安全威胁，要求部队具有完成多样化军事任务能力。开展实战化训练，尤其要突出增强以下几种能力：一是侦察预警能力训练。预先掌握战争和突发事件先兆，可增强军事行动的主动性。由于各种安全威胁都具有一定的隐蔽性和突发性，而且发展进程快、态势转换快，对侦察预警提出很高要求。开展实战化训练，必须高度重视并切实加强情报侦察和危机预警训练，加大侦察手段综合、情报信息共享等研练力度，提高部队侦察预警能力。二是快速反应能力训练。未来作战发生的时间、地点、方式均具有明显的不确定性，对我军快速反应能力提出了更高的要求。开展实战化训练，必须突出快速反应能力训练，不断提高部队战备水平。三是远程投送能力训练。未来作战，战场空间进一步拓展，远程力量投送至关重要。开展实战化训练,必须在一般、传统输送能力训练的基础上,着眼提高部队远程投送能力,加强空中、海上等多种投送方式训练,形成在最短的时间内克服地域障碍的能力。四是连续突击能力训练。未来作战和应对突发事件,作战条件日益复杂,作战进程变化多端。在作战行动中,需要部队不停顿地进行远程机动、连续突击并频繁转换任务。开展实战化训练,必须加大长时间、高强度行动训练,磨炼部队意志、强化官兵体能和耐力,提高运用武器装备实施满负荷作战的能力,增强部队在艰苦条件下连续作战能力。

(二) 以实战的背景组织训练

实战化战场环境设得越真、越实、越像,部队训练就越能贴近实战,训练对未来作战的适应性就越强。把部队置身于逼真的战场环境中训练,是强化实战化训练针对性的客观要求。我军未来信息化作战将面临十分复杂和残酷的环境,要求训练必须在与敌情、地形、气候等近似的环境中进行。只有这样,才能把兵练活、练精、练实。因此,信息化条件下深入开展实战化训练,必须采取积极措施,构设信息化条件下作战环境。

第一,体现多维立体的联合作战背景。未来信息化作战,将是多维立体的诸军兵种联合作战,战场环境复杂多变,作战态势犬牙交错,作战行动相互交织。进行实战化训练,要着眼未来战场景况,把陆、海、空、天、电五个维度的敌情威胁构想全,把信息攻击、火力打击、兵力突击、特种袭击等行动设置全,把陆、海、空、火箭军、战略支援部队等军兵种部队行动考虑全,切实构设出联合作战的训练背景,增大训练强度和难度,提高部队生存能力和多维作战能力。

第二,构设纷繁多变的复杂电磁环境。未来信息化作战,电磁领域的斗争异常激烈并贯穿全程,在有限的电磁空间,不仅存在频率冲突、互扰、自扰等问题,还有双方的激烈的电子对抗,作战地域内的所有电子设备,其工作和效能发挥都将受到严重影响。我军先进武器装备特别是电磁干扰监控装备较少、信息化程度相对较低、总体发展水平不高,要针对现状采取"自制仿真器材演练、设置战场动态导调"等方法,构建近似实战的复杂电磁环境。让官兵切身感受敌我双方激烈对抗条件下所产生的全频谱、多类型、高密度的电磁辐射环境,感受我方大量使用电子设备引起的自扰、互扰环境,以及地形、天候导致的自然电磁环境,增强部队复杂电磁环境下作战的适应能力。

第三,体现复杂多变的恶劣自然环境。未来信息化战争,作战区域、时间不确定性高,我军不仅要在城市、山地、高原、荒漠、戈壁、丛林、海洋、岛屿等地形条件下作战,还要面临高寒、高温、雨雪、风暴等复杂气候条件,复杂的自然环境,将严重制约部队机动、侦察、通信等作战能力的发挥。开展实战化训练,必须充分考虑到自然环境的特殊性、恶劣性、残酷性,坚持把部队置于恶劣的气候条件和生疏地形条件下摔打锤炼,提高部队在各种天候、地形条件下作战的适应能力。

第四,设置逼真激烈的严酷战场氛围。未来信息化作战,战场对抗将十分激烈,战斗十分严酷,对官兵生理心理影响大。要适应和赢得未来战争,必须使官兵在平时训练时就能切身体验到实战的紧张严酷氛围。着眼与强敌对抗、着眼复杂的战斗编成、着眼多维空间作战、着眼快节奏行动,精心设计训练构想、精心选择演练内容、精心构建战场态势。多设僵局、危局、险局、残局、败局,使部队在流动的战场环境、多变的战场情况、复杂的战场态势下得到全面检验。紧贴作战进程,进行实兵、实装、实弹、实打、实爆、实通和全员、全装、全程演练,使部队体验紧张真实的作战行动,增强官兵的生理、心理应激适应能力。

第五,体现作战对手的技术战术特点。军事训练贴近实战,最根本的就是要贴近对手。军队打仗而看不到敌人、摸不清对手,就是"盲人骑瞎马,夜半临深池"。毛泽东同志指出:"摸清了自己部队的脾气,又摸熟敌人的脾气,指导战争就比较有把握,就能打胜仗。"① 加强实战化训练,必须认真研究可能的作战对手,熟知对手的"昨天"、看清对手的"今天"、预判对手的"明天",切实做到知敌于前、料敌于先。未来信息化作战,作战对手将具有较强的技术装备优势。进行"实战化"训练的一个重要条件是塑造神形兼备的作战对手。这既是"实战化"训练与其他训练方式的根本区别所在,又是"实战化"训练最为重要且难度最大的建设项目。在开展我军实战化训练中,应依托训练基地,有效整合情报、侦察工作的最新成果,着力打造一支形神兼备的模拟部(分)队,切实把敌方的作战思想、编制装备、作战编组和作战能力等具体问题研深研透,把敌方的作战形态、火力运用、行动样式和应对方法手段构想到对抗态势中,把敌方的阵地、兵力配置、火力配系、工事构筑、障碍设置等逼真地呈现出来,充分发挥"强敌"的磨刀石作用,使部队在与"强敌"交战中得到全方位的摔打和锻炼。

(三) 以实战的方法强化训练

按照未来仗怎么打兵就怎么练、怎么能提高战斗力就怎么组织训练的要求,综合运用野营训练、对抗训练、编组联训和实兵实弹演习等方法,不断缩小训练与实战之间的差距。

第一,突出基础性。着眼信息化战争发展要求,设置培养智能、技能、体能合一战斗员的训练内容。一要拓展智能内容。增加与战斗相关的知识,并将其融于技能训练之中;突出对付敌信息化兵器办法的内容;注重复杂条件、恶劣环境下情况处置内容,使单兵训练内容成为智能、技能、体能的统一体,实现由培养单纯战斗员向培养智能、技能、体能合一战斗员的转变。二要丰富技能内容。设置多种武器装备的操作使用课目;突出技能的

---

① 《毛泽东选集》第1卷,人民出版社1991年版,第180~181页。

战场应用训练内容,实现由单一技术求精训练向多种技能应用训练转变。三要强化体能内容。大量设置能利用就便器材开展,作战中实际管用的体能训练内容,取消技巧性强、实用性差的内容,实现由运动员式的训练向战斗员式的训练转变。与此同时,要做到训练内容上的"两个狠抓":一是狠抓夜间训练,补齐传统训练模式上的短板。采取统一计划、集中保障、分批轮训等办法,严格按大纲规定要求,分层次细化夜训内容,科学制定夜训计划,从严组织夜训考核,切实提高部队夜战能力。二是狠抓强度训练,补齐和平时代耐力毅力的弱项。突出在不同天候、不同地形、不同区域的高强度、大体力消耗情况下的超负荷适应训练、超强度体能训练、超难度应用训练、超常规心理训练。在继续抓好冬季野营训练、海上适应性训练、远程机动训练等传统训练的同时,着眼信息化条件下联合作战要求,积极拓展适应性训练,创新方法手段,不断提高部队的在各种环境下实战能力。

第二,注重规范性。新一代军事训练与考核大纲,着眼适应未来战争形态演进和我军使命任务拓展及武器装备更新的实际,构建起了信息化条件下军事训练的科学体系。新大纲包含着实战所需要的内容,突出反映了实战需求,开展实战化训练必须以贯彻落实新大纲为导向、为依据。准确把握新大纲"贴近新的实战环境练兵、按照实战对抗方式练兵、围绕提高实战能力练兵"的要求,严格按照新大纲规定的内容、标准和要求,从难从严施训。把实战化要求贯彻于按纲施训的各个环节,尤其对必训的重点课目、复杂的难点课目更要严格条件、训全内容、达到标准,决不能脱纲离目、自行其是。

第三,加大对抗性。把野战化、对抗化和适应性训练作为增强实战化训练对抗性的重要途径。野战化训练,是"野"和"战"的有机结合。要突出按实战要求在生疏地形、恶劣天候、复杂电磁环境下进行针对性训练,突出按实战要求进行长时间高强度全天候训练,突出按实战要求练谋略、练指挥、练战斗、练协同、练保障。严格落实训练法规中规定的野营训练时间，进行多层次、多课题、多要素、多内容、多角度的综合性、高强度、高难度野营训练，切实使部队行动真起来、实起来、快起来，让打仗氛围浓起来。

对抗性训练实质上就是"逼真交战"，是增强实战化训练对抗的重要办法。结合训练进程，积极开展沙盘兵棋对抗、实兵实弹对抗、复杂电磁对抗、作战要素对抗、成建制成系统对抗训练。把对抗性训练融入部队训练的各个层次，大力开展分队战术对抗训练、首长机关网上对抗作业和部队实兵对抗演习。通过模拟强敌，建强各层次模拟蓝军部（分）队，充分运用网络系统和模拟器材，使部队在实打实、硬碰硬的对抗中增强指挥素质、磨砺战术思想、提高实战能力。

适应性训练追求的是"像训练一样打仗"，体现的是由追随战争训练向设计战争训练的转变。海湾战争前，美军把部队拉到类似战场的地形上，进行了高仿真度的极限训练，然后按训练的程度拟定作战计划，按训练的节奏控制实战进程，战争打得出奇顺利。这就是适应性、针对性训练的结果。因此，应把适应性训练作为实战化训练的重要方面训好训实。

第四，强化检验性。把检验性演习作为推进实战化训练的重要环节来抓。尽可能在近似实战的环境条件下，组织全员全装实兵实弹检验性演习，不设原案、不搞摆练、随机导调、活导活演，全面检验和提高部队走、防、吃、住、藏、管、保的综合能力。

科学确立"真、难、实"检验标准。"真"，就是求实战之真，对不同层次的"实战"作出数学模型式描述，依此筹划和组织实施实战化训练，使训练环境真像战场、训练过程真像交战、训练考核真像打仗。"难"，就是有难度强度，注重多课目多内容综合连续实施，如射击考核在越野后进行，确定打击目标先多方进行侦察，检验技能在高度疲劳和心理压力下展开。

"实",就是求真务实,不提不切实际的口号,不搞华而不实的活动,训练指导思想求实,训练计划安排务实,训练落实过程扎实,训练质量成效真实。

2016年8月,在东海的广袤海空域,海军三大舰队百余艘舰艇、数十架战机、岸防部队以及部分雷达、观通、电子对抗兵力各显身手,展开了一场大规模实兵实弹对抗演习。① 这是海军连续第11年围绕复杂电磁环境和水声环境组织实兵实弹对抗演习。此次演练突出复杂电磁环境下作战体系运用、侦察预警、远程精确打击、综合防空反导等课题研练。未来信息化战争突发性强、平战转换节奏快、战争准备时间短的鲜明特征,必须速战速决,提高战场打击效率。此次演习,充分检验了不同性能导弹快节奏、多方向对各类目标实施精确打击的作战效果。

北部战区陆军某兵种训练基地从难从严培训学兵②。坚定初心,从兵之初。该训练基地坚持从新兵入营开始就加强教育训练,帮助他们坚定初心、努力前行,为有效履行使命任务奠定坚实基础。2013年11月28日,习近平主席来到这个训练基地,实地察看了军区直属队新兵团训练情况,对他们从"兵之初"就进行实战化训练十分赞赏,叮嘱基地领导一定要把训练基地办好办出特色。几年来,训练基地贯彻落实习近平主席重要指示,从坚定信仰、精武强能、立身做人等方面入手严格训练、严格要求、严格管理,培养出一批批高素质的"强军种子"。他们把忠诚教育作为入营第一课,把"做'四有'军人、当建设主人"实践活动作为长期工程,把"军人荣誉感、部队归属感、岗位责任感"专题教育融入教学训练,多措并举抓教育引导。着眼教学训练和实战一体化,优化教学配置、整合教学资源、改进教学手段,探索练技术与练战术相结合、练装备操作与故障排除相结合

---

① 参见《解放军报》2016年8月2日。
② 参见《解放军报》2016年9月26日。

的全新教学模式。通过从难从严训练，有效打牢了新兵的军事基础。

西部战区陆军某装甲旅实战化考评检验训练成果。该旅着眼提升核心军事能力，狠抓实战化训练末端落实，坚持以考促训、以赛促训，通过临机确定受考单位和课目等方式，促进战备训练常态化开展。在共同课目考核中，该旅加大实车、实弹、实爆、实投训练难度，强化单兵技能、分队战术等课目训练。针对成绩不稳定的课目，该旅打破单课目强化训练的传统，将这些课目与战术训练灵活搭配，在战术考核中进一步强化。近似实战的考核让官兵时时感受战场硝烟，拉近了训练场与战场之间的距离。

空军两个战区空军数十支部队进行全要素实战化红蓝对抗[①]。2016年11月中下旬，空军"红剑－16"体系对抗演练在西北大漠展开。两个战区空军数十支部队、近百架战机和多个兵种上演全要素红蓝体系对抗。空军部队认真贯彻习近平主席关于实战化训练的重要指示精神，采取"讲、研、摆、练"方式更新组训理念，全程设置实战背景，全程实兵实弹对抗，突出"任务、体系、电磁、对抗、检讨"等关键要素，加入近距支援作战、情报来源全自主、多机种编队突防、预警机临机接替指挥等考核科目，针对体系作战能力短板，深化作战编组集成和全要素作战体系融合，着力提升信息火力一体运用能力，锤炼战役指挥员复杂战场条件下的作战指挥能力。在演练现场，以往用废弃民房和公路代替的机场、大楼等战场目标，全部换成等比例仿真靶标，航空兵部队歼击机、轰炸机、干扰机等多机种编队形成空中作战集群协同突击，地导、雷达、电抗部队为了躲避反辐射武器打击，在大漠中连续机动、全程伪装……随着演练逐渐深入，红蓝双方各自的协同配合日渐娴熟，部队紧盯对手、专攻精练、信息主导、体系作战的意识得到有效增强。

---

① 参见《解放军报》2016年11月27日。

火箭军部队把实战标准贯穿冬训全程，先后完成数十次发射演练任务，提高了部队复杂天候条件下整体作战能力。2016年冬季，火箭军组织多支导弹劲旅挺进寒区，展开指挥筹划、攻防对抗、生存防护等课目演练，全方位检验部队作战方案、武器装备、训练水平和作战能力。此次演练，火箭军采取全程对抗、全程导调、全程考核方式，引导参训部队敢于暴露问题、直面问题、解决问题，在破解难题中探索规律、研练战法、提高能力。演练中，他们突出整旅火力突击、整旅部署转换、连续多波次火力突击等课目训练。为在近似实战条件下锤炼发射本领，他们抽组力量编成"蓝军"分队，综合采取实体对抗、环境构设的方式，实施"侦、扰、打、破"一体对抗行动，有效提升部队全天候作战能力。

第六章

激发血性：培育一不怕苦二不怕死的战斗精神

战斗精神，是军人的职业精神，是军人美德和价值的集中体现，是打赢战争的必要条件。"战虽有阵，而勇为本焉"。没有敢打必胜，勇往直前，视死如归的战斗精神，就不可能"遭强敌而勇过，遇险阻而弥坚"。当前，战争形态正在由机械化向信息化转变，武器装备、作战样式都在发生根本性变化，但战斗精神是战斗力重要因素的规律没有变，狭路相逢勇者胜的战场对抗规律没有变。信息化战争不仅是武器的对抗，更是精神和意志的抗争。习近平主席深刻指出："培养战斗精神，是军队战斗力的一个重要因素。军队要能打仗、打胜仗，固然要靠战略战术，要靠体制机制，要靠武器装备，要靠综合国力，但没有战斗精神，光有好的作战条件，军队也是不能打胜仗的。"[1] 威武之师还得威武，军人还得有血性。确保我军能打仗、打胜仗，必须大力培育官兵的战斗精神，保持敢打必胜的高昂士气和不怕牺牲的英雄气概，时刻准备为祖国和人民去战斗。

---

[1] 《深入学习贯彻党的十八大精神军队领导干部学习文件选编》，解放军出版社2013年版，第227页。

一、气为兵神、勇为军本

"气为兵神,勇为军本",狭路相逢勇者胜。历史反复证明,人是战争胜负的决定性因素,是战斗力构成的核心,而战斗精神是战斗力的"催化剂"和"倍增器",是一支军队战胜敌人、履行使命、发展壮大的强大精神支柱。纵观人类战争史,两军对垒不仅是武器装备等物质因素的抗衡,更是军人战斗精神的较量。高昂的士气、顽强的意志和勇敢的精神历来是战斗力构成的重要内容,是夺取战争胜利的有力保证。

(一) 战斗精神的深刻内涵

战斗精神是军队精神面貌和气质特征的集中体现,是在敌我对抗中的一切思想、情感、情绪、意志、热情、斗志、决心、信心、作风、气节等精神因素的凝结与升华。战斗精神属于精神力量范畴,是战斗力的重要组成部分。一支军队只有以英勇顽强的战斗精神作为支撑,才能所向披靡,永往直前,攻无不克,战无不胜。

早在春秋战国时期,思想家孔子就指出:"三军可夺帅也,匹夫不可夺其志也"。这就充分说明人的精神、意志和气节有着巨大的力量。军事家孙武把"令民与上同"作为制胜的重要因素之一,揭示了在主观上明确作战之政治目的的重要性。古代军事家还注意到激励士气的作用,如军事家尉缭子说,"战在于治气""气实则斗,气夺则走";孙膑认为,"合军聚众,务在激气",把激励士气作为激发军人在作战中的精神力量,作为促进军队克敌制胜的重要精神力量。我国古代不乏以激发将士以死相拼的勇气"破釜沉舟"而终于赢得"背水一战"的战例。同样,西方历代军事家们也都在不同的层面上意识到精神因素在军事活

第六章 激发血性：培育一不怕苦二不怕死的战斗精神

动中的作用。拜占庭帝国军事统帅贝利撒认为，决定战争胜负的是"精神上的勇气"。拿破仑说，刀枪和思想是世界上"两种强大的力量"，而"刀枪总是被思想战胜的"。克劳塞维茨则把精神要素视为"贯穿在整个战争领域"的东西，同"推动和支配整个物质力量的意志紧密地结合在一起"。

古今中外军事理论和军事实践充分证明，战斗精神归结起来就是一种与士气、勇敢、临危不惧、坚贞不屈、不怕牺牲等内容相关的范畴，集中地体现着人们为维护崇高信念、捍卫正义事业、实现理想抱负的特殊精神品质。

战斗精神是军人职业精神的核心。军人生来为战胜，军人的职业是伴随着战争而出现、为战争而存在的。因而，战斗精神最能体现军人的职业精神，最能检验军人的战斗品质，也最能反映军人的美德、彰显军人的价值。其一，战斗精神是军人应有的自我超越的内在品质，它强调军人不论在何种环境下都要有一种自强不息的奋斗精神；其二，战斗精神是军人的主观能动作用在特定环境中的表现形态，是相对于有形的物质因素而言的精神；其三，战斗精神是由政治目标、理想信念、公平正义等基本内容构成的，它以对军事活动意义的深刻理解为前提。

"黄沙百战穿金甲，不破楼兰终不还。"一个真正的职业军人，必须能尽忠职责使命，百折不挠，九死不悔。汉朝大将霍去病"匈奴未灭，无以家为"。今日"三栖精兵"何祥美，以"要当个好兵，最舒服的日子永远在昨天"为座右铭，训练场上敢"用子弹说话"，苦练狙击杀敌本领，接受考核上千次，次次优秀。实践证明，真正的军人敢于"以战始，以胜止"，执着军旅，矢志沙场，时刻彰显职业精神。

拿破仑把勇敢视为"军人的第一美德"。荷马史诗记载，希腊联军主将阿喀琉斯与赫克朵耳决战前，明知面临的是死亡，但"神喻"鼓舞着他"天神般的"走上战场。无论对手强弱多寡，不管结果生死胜败，敢于亮剑的战斗精神，是职业军人超越一般价值理性与简单求生渴望之上的品质表现,是军人所特有的职业美德。

"但使龙城飞将在,不教胡马度阴山""男儿何不带吴钩,收取关山五十州"。从"壮志饥餐胡虏肉,笑谈渴饮匈奴血"的岳飞,到"金瓯已缺总须补,为国牺牲敢惜身"的秋瑾……"醉卧沙场君莫笑,古来征战几人回。"英雄已逝,战斗精神的浩气长存并永远激励后来的战士前赴后继、百折不回,彰显了军人价值。

家国天下事,战士肩上责。当军人把职业精神与爱国主义一并融入自己胸膛、化为战斗血液之时,就会随时为国家、为民族奉献一切,这是职业精神的至高境界。

(二) 战斗精神的主要内容

战斗精神是军队精神面貌和气质特征的集中体现。我们可以从多个方面来认识和理解。

第一,昂扬的军心士气。军心士气在中国古代被称作"心气"。军心士气,主要是指军队的思想情绪、心理状态和战斗意志。良好的军心士气表现在为统一的思想意志、振奋的精神、乐观的情绪、战斗的激情以及求胜的决心和欲望。军心士气直接反映了军队的精神状态,是军队的战斗精神在战争中的一种外在表现,是决定战争胜负的重要条件。军心士气能够凝聚成强大的精神力量,是无形的战斗力。一支军队,如果没有精神的激励,没有昂扬的军心士气,战斗力就会大大下降;反之,一支军心凝聚、士气高昂的军队,就能在精神和气势上压倒敌人,形成"战无强敌,攻无坚阵"的强大战斗力。正所谓"胜在得威,败在失气"。

第二,过硬的战斗作风。过硬的战斗作风主要是指以不怕牺牲的精神为前提,在战斗中不畏艰险、不怕流血,一往无前、决不屈服的勇气和胆量。事到万难须放胆,狭路相逢勇者胜。两军对阵，胜利的天平总是倾向于英勇作战的一方。过硬的战斗作风，是衡量军队战斗力的重要标准，是战斗精神最直接、最鲜明的体现。恩格斯曾指出，勇敢和必胜的信念常使战斗可以胜利结束，并认为精神因素在一定条件下可以转化为物质力量，精神因素比物质力量更为重要。过硬的战斗作风是军人必备的素质和武德。

第三，严格的军规军纪。严格的军规军纪是战斗精神的重要组成部分，是军队战斗力的重要标志。服从命令、听从指挥，是军人的职业要求和思想境界的具体体现。军人以服从命令为天职，这是军人最基本的职业要求，也是遂行战斗任务的重要保证。没有纪律就没有统一的意志和行动，就不能最大限度地发挥精神力量的作用。宋朝民族英雄岳飞统领的岳家军以军纪严明著称，军队行军作战"冻死不拆屋，饿死不掳掠，夜宿不入宅，晨起草苇不乱。"由此而赢得"撼山易，撼岳家军难"的声威。一支军队只有做到军令如山，守纪如铁，才能具有锐不可当、无坚不摧的战斗力。

第四，顽强的奋斗意志。军人的奋斗意志是为了达到确定的军事目的，自觉调节和控制自己的行动，克服种种困难的心理状态，它表现为军人特有的实现目的的坚定信念、英勇顽强的抗争精神、临危不惧的革命英雄主义精神和坚忍不拔的持久耐力。主要表现在：一是持久的坚韧性。经受连续打击的抵抗力，以及百折不挠地克服各种困难和干扰，坚持到底，不达目的不罢休的精神。二是高度的自制性。为实现既定目标，能够自觉控制自己的思想、情感和行为。无论环境多么艰苦，无论胜利和失败，都能忍受和克制生理上和精神上的痛苦，压制消极情绪和欲望，制止可能出现的有害行为。

（三）战斗精神的重要作用

战争是敌对双方的生死较量和残酷角逐。战斗精神是一支军队战无不胜的精神法宝。一支军队只有以英勇顽强的战斗精神作为支撑，才能所向披靡、永往无前、攻无不克、战无不胜。

战斗精神是战争中最具活力的因素。人是战争的主体。战斗精神是人的主观能动性在行动上的表现。在敌对双方的互相残杀、充满艰难困苦和生死存亡的严峻考验中，高昂的士气和勇猛杀敌的精神对夺取战争的胜利具有重要作用。巴顿曾说，必须有勇气，才能赢得战争，怯懦是战争的致命伤。两军对垒，鹿死谁手，不仅是武器装备等物质因素的抗衡，也是军人意志、毅力、英勇顽强和敢打必胜等战斗精神的较量。发挥战斗精神的能动性，就是在敌对双方的互相残杀、充满艰难困苦和生死存亡严峻考验的战争中，以高昂的士气和勇猛杀敌的精神主动克服重重困难，夺取战争的胜利。作为人的主观能动作用在特定环境中的表现形态，战斗精神是勇气和智慧的体现。在战争环境下，任何一个瞬息都生死攸关，这种特殊的生存条件对人的精神可以说是一种最严酷的考验。勇气使人于危急的瞬间捕捉到生机和希望，而任何胆怯和迟疑都可能带来灭顶之灾；智慧常常给人提供身处险境绝处逢生的机遇。在战争环境下，要求人们能够充分发挥主观能动作用，战场也是一个最能让人的主观能动作用得以充分展示的舞台，在这里任何有价值的创造都会获得最丰厚的回报。人的能动性，是战斗精神得以展示的条件，也只有这种能动性才能使战斗精神得以体现出来。

战斗精神是夺取战争胜利的重要条件。"夫战，勇气也。一鼓作气，再而衰，三而竭。"①。中国古代一些著名将帅在长期指挥作战中，已经发现"气"的重要作用。《孙子·军争》说，三军可夺气，将军可夺心。故善用兵者，避其锐气，击其惰归，此治气者也。孙膑说："合军聚众，务在激气。复徒合军，务在治兵利气。临境近敌，务在厉气。战日有期，务在断气。今日将

---

① 杨伯峻：《春秋左传注·庄公十年》，中华书局1981年版，第183页。

战，务在延气"①《尉缭子·战威》说，夫将之所以战者，民也；民之所以战者，气也；气实则斗，气夺则走。其中，所说"气""心""勇"就是今天所说的战斗精神。自古的军事家不仅重视"气"的培养，而且善于"察气""治气""激气"，对"气"的运用已经达到驾轻就熟的地步。韩信的"四面楚歌"，刘琨的"月夜吹茄"，以气赢人，不战而屈人之兵。西方古代军事家们亦非常注重精神与勇气在战争中的作用。近代西方军事家们则将精神的作用提到更加突出地位。克劳塞维茨认为"物质的原因的结果不过是刀柄，精神的原因和结果才是贵重的金属，才是真正的锋利刀刃。"② 而拿破仑则阐述的更为彻底，世界上只有两种力量——剑和精神，从长远说，精神总能征服利剑。因此，要夺取战争胜利，必须大力弘扬不怕牺牲、勇往超前的战斗精神。

二、人民军队的优良传统

革命战争年代，我军之所以能以劣势兵力创造了飞夺泸定桥、奇袭腊子口、四渡赤水等一个又一个的战争奇迹，由弱到强、不断从胜利走向胜利，很重要的就是靠我军特有的强大战斗精神。这种精神就是我军坚忍不拔、顽强不屈、不怕艰难困苦、不怕流血牺牲的战斗精神。新中国的人民政权是党领导军队凭借着这种战斗精神打出来的，我军的军威也是用这种战斗精神铸就的。新的历史条件下，实现听党指挥、能打胜仗、作风优良的强军目标，必须大力弘扬我军优良传统和战斗精神。

（一）我军战斗精神的历史传承

我军自建军起就与艰难困苦相伴，与革命斗争相随，通过革

---

① 语出《孙膑兵法·延气》。
② 克劳塞维茨：《战争论》第 1 卷，商务印书馆 1978 年版，第 188 页。

命的实践，磨砺了我军的战斗精神。我军的战史就是一部用战斗精神谱写的悲壮史诗。翻开史册，每一页都能清晰地看到我军官兵发扬英勇顽强、不怕牺牲的战斗精神所创造的辉煌战绩。

土地革命战争时期，我军正处于艰难的创业初始，一切都从困难中起步。在中国共产党的领导下，在毛泽东同志开创的以农村包围城市、最后夺取全国胜利的革命道路指引下，红军多次粉碎国民党反动派武装的"围剿"，并以无与伦比的大无畏的英雄气概，冲破了国民党军队一次又一次的围追堵截。在史无前例的长征路上，十二个月光阴中间，天上每日几十架飞机侦察轰炸，地下几十万大军围追堵截，路上遇着了说不尽的艰难险阻，红军却开动了每人的两只脚，长驱二万余里……红军将士四渡赤水，巧过金沙江，飞夺泸定桥，强渡大渡河，爬雪山过草地，历尽艰辛，克服人间罕见的困难，战胜几十万敌人的围追堵截，完成北上抗日的战略转移，创造了中外战争史上的伟大壮举。1935年12月毛泽东同志在《论反对日本帝国主义的策略》一文中总结红军在异常困难的情况下取得长征胜利的经验时，进一步讴歌了艰苦奋斗精神，并精辟地指出："中国共产党，它的领导机关，它的干部，它的党员，是不怕任何艰难困苦的"。①

抗日战争时期，我军奔赴抗日前线，发动人民群众，广泛开展敌后游击战争，以自尊、自立、自信、自强的中华民族精神不断与日寇做斗争、与困难做斗争。在没有外援的情况下，自力更生，发展生产，克服困难，粉碎了国民党顽固派的封锁和反共高潮，抗击了侵华日军大部和几乎全部伪军。"狼牙山五壮士"，为了给领导机关和人民群众转移争取更充裕的时间，并迷惑敌人，不让其摸清我军和群众转移的方向，主动放弃追赶大部队的计划，毅然撤向三面绝壁的棋盘陀顶峰。他们为了牵制敌人，让我军主力和群众转移的更远些，下定了"打"的决心。5个人同

---

① 《毛泽东选集》第1卷，人民出版社1991年版，第150页。

第六章 激发血性：培育一不怕苦二不怕死的战斗精神

500多敌人拼杀了整整一天，消灭了100多个敌人，他们子弹打光了，手榴弹也没有了，面对敌人丝毫未减的强劲攻势，他们共同宣誓"宁为民族解放而牺牲，决不活着当俘虏"，砸断枪支，毅然决然地跳下悬崖。这种战斗精神，就连敌人也不得不为之感叹。爬上崖头的日军，面对五勇士跳崖处，恭恭敬敬地三鞠躬。这群"皇军武士"终于发现，与其500之众激战一天的八路军，仅仅只有5人，震惊之余，完全被我中华勇士捐躯殉国的牺牲精神所折服。

解放战争时期，我军在中国共产党的领导下，同国民党反动派展开了决定中国两种前途、两种命运的大决战，胜利进行了辽沈、平津、淮海三大战役和渡江作战，以劣势装备打败了用美式装备武装起来的蒋介石800万军队，创造了中外战争史上的奇迹。而这种奇迹的发生与我军"拖不垮、打不烂"的战斗作风和无所畏惧、义无反顾的牺牲精神是分不开的。刘邓大军千里挺进大别山，在河南的汝河与堵截的敌人展开了激烈的搏杀。在前有阻敌、后有追兵，形势万分险恶的情况下，刘伯承同志以"狭路相逢勇者胜"的战斗口号，激发部队官兵的士气。官兵们冒着敌人飞机的轰炸扫射和两侧的夹击，以无产阶级硬骨头的英雄气概，胜利渡过汝河，战胜了敌人。

抗美援朝时期，中国人民志愿军与当时所谓世界上最强大的美国军队直接作战。在重重困难面前，参战部队紧密团结，以高昂的战斗意志和顽强的毅力，以劣势装备战胜优势装备之敌，涌现出数不清的可歌可泣的感人事迹。有用胸膛堵住敌人正在扫射的机枪口，掩护部队冲锋而壮烈牺牲的"特级英雄"黄继光，有在坑道作战连续几天断粮断水，偶得一个苹果都在全连传过两遍才吃完的连队。正是这种再大的困难也能克服、再凶的敌人也能战胜的上甘岭精神，使我军取得了抗美援朝作战的胜利。

相对和平建设时期，我军的战斗精神主要体现在当人民的生命财产受到威胁时，我军总是出现在人民最需要的地方。抗洪英雄高建成在抗击1998年长江特大洪灾中，面对肆虐的滔滔江水，不顾身患重病和个人安危，在激流中救出了数名群众和战友而英勇献身。在抗击"非典"疫情斗争的危机时刻，身着"国防绿"的白衣战士又争先恐后地奔向人民群众最需要的地方，在与病魔的较量中，叶欣、邓练贤、李晓红等军中白衣战士用宝贵的生命实现了自己的誓言，我军官兵与全国人民一起，创造了"万众一心、众志成城、团结互助、迎难而上、敢于胜利"的抗击"非典"精神。这些感人的英雄事迹，都展现了我军官兵英勇顽强、不怕牺牲、保家卫国、舍己为人的战斗精神。从战争时期到和平建设时期，这种精神一脉相承。

（二）我军战斗精神的显著特点

军队是执行政治任务的武装集团，弘扬什么样的战斗精神，与军队的政治属性和职能任务密切相关。因而，不同国家和军队，在不同时期，其战斗精神必然具有不同的时代内涵和精神特质。党领导下的人民军队，作为一支无产阶级政党的武装力量，作为中国特色社会主义道路的坚强捍卫者，其性质、宗旨与政治目标与西方资本主义国家军队存在着本质的区别，其战斗精神建设上也有着本质不同，具有鲜明的我军特质。这不仅是我军长期以来不怕牺牲、英勇善战、敢于胜利的重要保证，也是未来确保我军能打胜仗的强大精神力量。

1. 我军战斗精神与政治目标高度统一。

党在领导我军进行革命战争与和平建设中，不仅高度重视培育战斗精神，而且充分认识到只有把正确的政治目标、崇高的理想信念、科学的指导理论和高尚的价值观念灌注于战斗精神之中，才能培养一支敢打必胜的铁血队伍。因而，始终把战斗精神作为官兵思想教育的核心内容、作为党政治工作的重要内容，一以贯之地加以培育和塑造。这就保证了我军战斗精神教育始终以党、国家和人民的宗旨为宗旨，以党、国家和人民

第六章 激发血性：培育一不怕苦二不怕死的战斗精神

的意志为意志，与党的政治目标高度一致，从而保证了人民军队任何时候任何情况下都能够听党指挥、一往无前，保持昂扬的战斗精神。

抗日战争时期，毛泽东同志就指出："抗日战争的政治目的是'驱逐日本帝国主义，建立自由平等的新中国'，必须把这个目的告诉一切军民人等，方能造成抗日的热潮，使几万万人齐心一致，贡献一切给战争……"①并强调："我们的战争是神圣的、正义的，是进步的、求和平的。不但求一国的和平，而且求世界的和平，不但求一时的和平，而且求永久的和平。欲达此目的，便须决一死战，便须准备着一切牺牲，坚持到底，不达目的，决不停止……"②十四年抗战，八路军、新四军将士以党的政治目标为目标、以党的崇高理想为理想，死而后已，义无反顾。抗美援朝时期，那首脍炙人口的《中国人民志愿军战歌》号召上百万中华儿女跨过鸭绿江，同以美帝为首的"联合国军"展开殊死拼杀，无数勇士长眠异国他乡。"保和平，卫祖国，就是保家乡！中国好儿女，齐心团结紧，抗美援朝，打败美国野心狼！"当志愿军战士把党的号召作为自己的最高指示，把保卫祖国、保卫人民、打败美帝国主义作为自己的最高政治目标时，哪怕为之流尽最后一滴血，也在所不惜，留下可歌可泣的英雄战歌。

战争实践充分证明，我军在血与火的战争中塑造的、用党的政治目标和理想信念培植的战斗精神，以马克思主义和共产主义信念为思想源泉，具有正义性和先进性，既不同于日本军国主义提倡的灭绝人性、罔顾道义的所谓"武士道"精神，更不同于某些西方资本主义国家军队动辄可以"缴械投降"的所谓人道主义精神，保证了人民军队在党的正确指导下，具备了无往不胜、无坚不摧强大力量。

---

① 《毛泽东选集》第2卷，人民出版社1991年版，第481页。
② 《毛泽东选集》第2卷，人民出版社1991年版，第476页。

2. 我军战斗精神与时代精神高度统一。

《易经·益卦》有云：凡益之道，与时皆行。与时俱进是马克思主义的理论品质和发展规律。坚持与时俱进的政党，才能永葆青春；反映与时俱进的事业，才能欣欣向荣。我军作为以马克思主义思想为武装的政党，与其他政党和国家军队的最大区别之一在于始终保持与时俱进的理论品质与精神追求。在战斗精神培育上更是如此，能够始终围绕战争形态、使命任务，针对不同的作战对手，提出符合形势任务、具有我军特色的战斗精神。

革命战争年代，敌我斗争形势严峻复杂，军人随时面临生死考验，人民军队的"战斗队"职能凸显，因此党把培养战斗精神的重点放在提倡"一不怕苦、二不怕死"的精神上，放在提倡保持同敌人血战到底的气概上。正如毛泽东同志在解放战争时期所说的："这个军队具有一往无前的精神，它要压倒一切敌人，而决不被敌人所屈服。不论任何艰难困苦的场合，只要还有一个人，这个人就要继续战斗下去。"① 井冈山精神、长征精神、延安精神、抗美援朝精神等，都是这种精神的典型代表。社会主义建设时期，军队建设不仅面对帝国主义的武力威胁和大国核讹诈、核垄断，还面临着恶劣的自然环境和复杂的社会环境等多重考验，人民军队"工作队"职能凸显，党把培养战斗精神的重点放在如何继承传统，放在弘扬热爱祖国、无私奉献、自力更生、艰苦奋斗、大力协同，勇于登攀上。邓小平同志强调要引导和激励官兵发扬"五种革命精神"，即"要发扬革命和拼命精神，严守纪律和自我牺牲精神，大公无私和先人后己精神，压倒一切敌人、压倒一切困难的精神，坚持革命乐观主义、排除万难去争取胜利的精神"。"两弹一星"精神、抗洪精神、抗击"非典"精神等，为这一时期的战斗精神注入了丰富内涵。新世纪新阶段，世界新军事革命风起云涌，各国加紧推进军事转型，武器

---

① 《毛泽东选集》第3卷，人民出版社1991年版，第1039页。

第六章 激发血性：培育一不怕苦二不怕死的战斗精神

装备加快更新换代，我军推进现代化建设面临着武器装备上的技术差距和官兵思想多元化等各种新情况新问题，党把培养战斗精神的重点放在如何打得赢、不变质，放在如何处理武器与精神的统一上来。江泽民同志多次强调，要做好战斗精神与武器装备两方面的准备。胡锦涛同志深刻阐述了我军在新世纪新阶段肩负的历史使命，提出要在做好物质技术准备的同时大力加强战斗精神准备，并提出"要在全军深入进行强化战斗精神、提高打赢能力的教育，真正搞清楚为什么要准备打仗、准备打什么样的仗、怎么准备打仗这个重大问题，引导广大官兵牢固树立敢打必胜的坚定信心"①。

新的历史条件下，习近平主席深刻指出："英勇顽强、不怕牺牲的战斗精神历来是我军克敌制胜的重要法宝。抓思想政治建设，必须把培育战斗精神、培育战斗作风突出出来。"② 这一重要指示，进一步深刻揭示了战斗精神的重要作用，进一步明确了战斗精神培育是思想政治建设的重要任务，从而为我军新形势下战斗精神培育指明了方向。

3. 我军战斗精神与中国精神高度统一。

"明犯强汉者，虽远必诛"，这是两千多年前，汉军校尉陈汤率军诛杀曾劫杀汉使的郅支单于后，给皇帝的奏章上的一句话。这句掷地有声的话语，之所以至今读来仍令我们心潮汹涌、热血沸腾，就是因为其中蕴含着浓厚的爱国主义精神。从秦始皇统一中国，到中国共产党领导全国人民推翻三座大山，终结百年屈辱，建立新中国；从大将蒙恬"北筑长城而守藩篱，却匈奴七百余里；胡人不敢南下而牧马，士不敢弯弓而报怨"，到中国人民志愿军打败武装到牙齿的"联合国军"。"一寸山河一寸血"，

---

① 2004 年 12 月，胡锦涛同志在中央军委扩大会议上的讲话。
② 《深入学习贯彻党的十八大精神军队领导干部学习文件选编》，解放军出版社 2013 年版，第 108 页。

正是爱国主义和民族精神这个民族之魂，支撑中华民族挺起不屈的脊梁，始终屹立于世界民族之林而岿然不动。

毛泽东同志曾深刻指出，"从鸦片战争、太平天国运动、中法战争、中日战争、戊戌变法、义和团运动、辛亥革命、五四运动、五卅运动、北伐战争、土地革命战争，直至现在的抗日战争，都表现了中国人民不甘屈服于帝国主义及其走狗的顽强的反抗精神。"[①] 没有革命精神，就不可能有中国革命的胜利。中华民族优秀传统文化蕴含着我们的民族魂，活跃着我们民族生生不息的精神基因。正是中华民族之魂和精神基因，铸就了坚韧、博大、包容的中国精神，而这种中国精神，自然地包含着为了强国兴国而不怕艰难困苦、不怕流血牺牲的战斗精神；战斗精神高度统一于中国精神之中。

现在，中华民族面临"三个前所未有"的战略机遇期，党中央、习近平主席提出实现中华民族伟大复兴的中国梦，并指出，中国梦也是强军梦，没有一支强大的军队，没有一个巩固的国防，中国梦就难以实现。实现中国梦，必须弘扬中国精神；实现强军梦，必须发扬战斗精神。

（三）我军战斗精神的继承发扬

"机器闲置，会生锈而无法运转；刀枪入库，就会因生锈而无法杀敌。"大宋的虎狼之师、满蒙的八旗铁骑都曾经横扫千军、气吞万里，然而又都在和平声中麻醉了神经，失去了战斗力。我军 30 多年无战事，个别官兵忧患意识弱化、危机意识淡薄，思想和精神松懈，加之社会政治文化多元化、官兵成分复杂化等，都对战斗精神建设带来新问题。"准备打仗，不等于真要打仗，打仗也不一定能轮上我……"诸如此类心理，在少数官兵有一些市场。同时，西方敌对势力针对我国进行意识形态领

[①] 《毛泽东选集》第 2 卷，人民出版社 1991 年版，第 632 页。

第六章 激发血性：培育一不怕苦二不怕死的战斗精神

域的斗争一刻也没有停止，对我党我军开展的"和平演变"一刻也没有放松，总是幻想着在我军这座钢铁长城上打开缺口。和平是对军人的最大褒奖，同时也是最大敌人。和平之殇，令人警醒：今天，我们是否依然保持当年那么一股军人应有的虎狼之气？

习近平主席从强军目标出发，多次强调无论什么时候，一不怕苦、二不怕死的战斗精神千万不能丢。和平时期，决不能把兵带娇气了，威武之师还得威武，军人还得有血性。要继承和发扬我军大无畏的英雄气概和英勇顽强的战斗作风，时刻准备为祖国和人民去战斗。这是激励战斗精神的号角，指明了新时期思想政治建设需要着力的方向。强军目标引领战斗精神建设，战斗精神是强军目标的精神支撑。

1. 培养战斗精神是"听党指挥"的应有之义。

"怕死不当共产党员！"这是革命战争年代对党员的基本政治要求，也是对每个共产党员思想上是否真正入党的最终考验。"大浪淘沙"方见英雄本色。在血腥的战争年代，一些没有战斗意志的贪生怕死之徒必然被革命大浪淘汰出红色队伍。

对革命军人来说，能否忠诚于党、听党指挥不是一句简单口号和表白，而是思想和行动的高度统一。军队是阶级统治的最高暴力工具，军队听谁指挥、为谁而战是一个根本问题，是战斗精神的核心。我军是党缔造的人民军队，时刻听从党指挥是我军的天职。只有坚持党对军队的绝对领导，用党的旗帜来凝聚官兵，用党的先进思想理论来武装官兵，用党的路线方针政策来指导官兵，才能保持我军发展的正确方向，永葆人民军队的本色；才能保持我军坚强的团结，战胜一切艰难困苦，献身于党的事业。如果脱离了党的领导，军队就会失去阶级本性和政治依归。没有党的绝对领导，就没有人民军队的一切，战斗精神就失去了灵魂和根基。

在任何情况下，都只能是党指挥枪，绝不允许枪指挥党。

"枪听我的话,我听党的话;手握枪,心向党,党叫干啥就干啥",是我军每个官兵永恒的信念。很难想象一支没有战斗意志和战斗精神的部队能够做到"以党的方向为方向、以党的旗帜为旗帜,以党的纲领为纲领,"培育一往无前的战斗精神是听党指挥的应有之义和具体表现。

2. 培养战斗精神是"能打胜仗"的重要内容。

军事战略专家金一南的新作《心胜》扉页上写着这样一段话:"战胜对手有两次,第一次在心中。"心胜则兴,心败则衰,胜败在此之间。中华民族五千年灿烂文明,创造了无比壮丽的辉煌,但是近代以来,特别是1840年鸦片战争以来,由于军队在战场上屡屡战败,不得不与世界列强一个接一个地签订割地赔款的卖国条约。细究这段历史,我们竟然发现,从康乾盛世直到鸦片战争时期,清政府总体实力在世界诸国之中不仅不是落后国家,反而是经济大国。据有关资料,直到18世纪末的清政府,在世界制造业总产量所占的份额仍超过整个欧洲5个百分点,大约相当英国的8倍,俄国的6倍,日本的9倍。人们不禁要追问:在战争资源、人口和兵员都占优的情况下,清军为何会一败涂地?除了清政府的腐败无能,其中最深刻的原因,就是从朝廷到军队,都缺乏以战止战、以武保国的精神——清政府的总理衙门竟然挪用北洋水师的军费以作慈禧太后生日庆典之用,政府官员头脑深处根本就没有打仗准备和打仗意识;清政府和李鸿章为之倚重的北洋水师也在甲午海战被日军打得一败涂地,以致全军覆没。如果从清朝军队的战斗精神建设上去寻找历史答案,其惨痛教训常常令人扼腕叹息。《北洋海军章程》规定,"总兵以下各官,皆终年住船,不建衙,不建公馆。"而实际"自左右翼总兵以下,争挈眷陆居";一些将领在刘公岛盖铺屋,出租给他人居住。章程规定不得酗酒聚赌,违者严惩。但"定远"舰水兵在管带室门口赌博,却无人过问……北洋海军在威海围困战后期,军纪荡然无存。首先是部分人员不告而别,其次是有组织的

第六章 激发血性：培育一不怕苦二不怕死的战斗精神

大规模逃逸。1895年2月7日，日舰总攻刘公岛，北洋海军十艘鱼雷艇在管带率领下结伙逃跑，最后发展到集体投降。"镇远""济远""平远"等十艘舰船为日海军俘获。显赫一时的北洋舰队，就此全军覆灭①。

"四万万人同一哭，去年今日割台湾"，诗中一个"割"字，饱含了无数华夏儿女心中的痛苦。民族的屈辱史警示我们："落后就要挨打"。然而这个"落后"不仅仅指的是物质的落后、技术的落后，更重要的是内心的衰败、精神的颓废。相反，一旦具备战斗精神，即使国力再贫弱、条件再艰苦，也无人敢欺，无人能欺。我军抗美援朝的光荣历史有力证明了这一点——人民志愿军在后勤保障、装备保障极其落后的情况下打败了全副武装的美国为首的多国军队，靠的就是不怕牺牲、视死如归的大无畏精神。习近平主席深刻指出，培养战斗精神，是军队战斗力的重要因素。军队要能打仗、打胜仗，固然要靠战略战术，要靠体制机制，要靠武器装备，要靠综合国力，但没有战斗精神，光有好的作战条件，军队也是不能打胜仗的。

可见，一个军人要武装自己，必先要精神武装；一支军队要战胜敌人，必先具有胜战精神。军队要能打胜仗，必须要培养强大的战斗精神。

3. 培养战斗精神是"作风优良"的重要保证。

古今中外，任何一支有战斗力的军队都必然有优良的作风、严格的纪律，否则，军队就是一盘散沙。拿破仑在总结远征北非经验时，有过经典的评说："两个马木留克兵绝对能打赢三个法国兵；一百个法国兵与一百个马木留克兵势均力敌；三百个法国兵大都能战胜三百个马木留克兵；而一千个法国兵则总能打败一千五百个马木留克兵。"马木留克兵精于骑术，个个凶悍异常，

---

① 金一南：《北洋海军甲午惨败实属必然》，载于《参考消息》2014年3月5日。

但他们不善于团队配合作战，而拿破仑的法国士兵单个虽打不过他们，但他们富有纪律性，在作战中能够始终保持严整的队形，冲锋时一泻千里的洪流，锐不可当，因此能取得团队胜利。

作风优良才能塑造英雄部队，作风松散可以搞垮常胜之师。战斗精神来源于优良的作风，优良的作风催生强大的战斗精神。我军在长期实践中培育和形成了一整套光荣传统和优良作风，这是我军始终赢得人民支持、保持良好形象、具有强大战斗力的重要保证。人民军队自创建以来，从被亲切地称为"人民子弟兵"到被全社会誉为"最可爱的人"，始终得到人民群众的衷心拥护和爱戴，很重要的秘诀就在于始终保持了革命传统，永葆了人民军队政治本色。

可见，培养战斗精神与培养优良作风关系紧密，互为支撑，是建设强大的人民军队须臾不可分离的作风保证和精神支撑。

三、形成战斗精神培育长效机制

马克思主义认为，人的精神只有建立在一定的物质基础之上，只有经过不断地改造客观世界和主观世界的实践活动才能产生。同样，战斗精神不是与生俱来的，更不是凭空产生的，需经长期的培育和实践磨砺才能形成。2013年4月9日，习近平主席视察海军驻三亚部队时强调指出，当前和今后一个时期，部队思想政治建设的一项重大任务，就是要教育引导广大官兵牢记强军目标，努力把个人理想抱负融入强军梦，强化使命担当，矢志扎根军营、建功军营。抓思想政治建设，必须把培育战斗精神、培养战斗作风突出出来，强化官兵当兵打仗、带兵打仗、练兵打仗的思想，探索形成战斗精神培育的长效机制。党在新形势下的强军目标，是加快推进国防和军队现代化的行动纲领，拎起了军队建设的总纲，不仅为全军官兵积极投身强军兴军实践、深入推进

第六章 激发血性：培育一不怕苦二不怕死的战斗精神

和拓展军事斗争准备提供了宽广舞台，为军队思想政治建设和战斗力建设注入新的时代内涵，也为广大官兵磨砺战斗精神、锻造军人血性提供了丰厚的实践平台。

（一）打牢战斗精神培育的思想根基

不闻大论，则志不宏；不听至言，则心不固。毛泽东同志深刻指出："没有进步的政治精神贯注于军队之中，没有进步的政治工作去执行这种贯注，就不能达到真正的官长和士兵的一致，就不能激发官兵最大限度的抗战热忱，一切技术和战术就不能得到最好的基础去发挥它们应有的效力。"① 培育官兵战斗精神，必须进一步加强思想政治教育，夯实听党指挥这个强军之魂。

1. 加强中国特色社会主义理论武装。

只有学懂了马克思列宁主义、毛泽东思想、邓小平理论、"三个代表"重要思想、科学发展观和习近平关于国防和军队建设重要论述，深刻领会贯穿其中的马克思主义立场、观点、方法，才能心明眼亮，才能始终坚定理想信念，才能在纷繁复杂的形势下坚持科学指导思想和正确前进方向。培育战斗精神，必须用科学理论武装头脑，不断培植我们的精神家园。

第一，深入学习马克思主义军事思想，树牢马克思主义战争观。马克思主义军事思想是马克思辩证唯物主义和历史唯物主义在军事领域的充分发展和运用。只有积极引导官兵认真学习马克思军事思想、特别是马克思主义战争观，才能从根本上把握战争的本质，从规律上揭示战争的制胜因素和发展趋势，从政治上认清军队肩负使命，从而由内而外地激发坚定信仰、忠实履行使命、坚决捍卫国家和人民利益的正义感责任感，产生无穷精神力量。当前，世界新军事革命日新月异，西方军事理论泥沙俱来，有些思想糟粕也在趁机抢夺军事思想阵地，如"民主和平论"

---

① 《毛泽东选集》第 2 卷，人民出版社 1991 年版，第 511 页。

"文明冲突论""人道主义干涉论""唯武器论"等，很容易混淆官兵对战争根源、本质和规律问题的科学认知，导致一些官兵存在和平麻痹思想、打赢信心不足、练兵热情不高等问题。深化战斗精神培育，必须紧紧抓住牢固树立马克思主义战争观这个根本问题，引导官兵掌握"决定战争胜负的是人而不是物""人民战争是克敌制胜的法宝"等重大思想武器，正本清源，固本培元。要把学习马克思主义军事思想、马克思主义战争观与学习习近平主席关于国防和军队建设重要论述结合起来，把握一脉相承的理论渊源和与时俱进的实践要求，掌握蕴含其中一以贯之的立场观点和方法，自觉用以分析把握现代战争的根源、本质、规律、制胜因素和发展趋势，从根本上搞清"为何而战、为谁而战、靠什么胜战"等重大问题，真正使马克思主义战争观成为激发和保持战斗精神的深厚源泉。

第二，深入学习领会中国特色社会主义理论体系，增强政治自信。理论上的成熟是政治上成熟的基础，思想上的坚定是行动上坚定的根基，而保持思想先进的关键在于用与时俱进的科学理论武装头脑。要从思想上确保军队坚决听党指挥、听党话跟党走，就必须从理论上使官兵真学真信真用。当前，最突出的就是加强中国特色社会主义理论体系的学习，使官兵深刻认识中国特色社会主义道路，是实现中国梦强军梦的必然路径，深刻认识中国特色社会主义理论是实现中国梦强军梦的行动指南，深刻认识中国特色社会主义制度是实现中国梦强军梦的根本保证，不断增强道路自信、理论自信、制度自信和文化自信。思想宣传的阵地，我们不去占领，人家就会去占领。长期以来，西方国家同我在意识形态领域的斗争尖锐复杂，其中惯用伎俩就是通过各种手段抹黑、唱衰、攻击和丑化中国，企图动摇我军对中国道路、理论、制度信心。要打好这场意识形态领域的主动仗，在旗帜、道路、立场等大是大非面前"咬定青山不放松"，关键是要有政治定力和理论清醒，根本的一招就是用中国特色社会主义理论体系

第六章　激发血性：培育一不怕苦二不怕死的战斗精神

武装头脑，细化深化学习党的创新理论和军事指导理论，贯彻落实习近平主席关于强军兴军的一系列重要指示精神，从中把握大势、汲取智慧，增强政治鉴别力和免疫力。

第三，深入开展军魂教育，筑牢听党指挥的思想根基。无论战争形态怎么演变、军队建设内外环境怎么变化、军队组织形态怎么调整，坚持党对军队实施绝对领导的根本原则和制度都必须始终坚持不渝。我军作为人民民主专政坚强柱石的作用，集中体现在维护国家主权、安全和稳定上。军权的稳定是政权稳定的基础和保证，军队的最高领导权和指挥权必须掌握在党中央、中央军委手里。军队只有在党的直接领导和指挥下，保持高度的集中统一，国家才能长治久安，才能繁荣昌盛，我军才能形成和保持强大的凝聚力、战斗力。坚持忠诚于党的政治品格，是战斗精神培育的首要内容，是军人精神家园的"擎天之柱"。培育战斗精神，必须以铸牢军魂为根本，在历史传统中吸取营养，在知根知源中坚定信念。当前，要大力弘扬我军听党指挥的优良传统，系统学习党史军史，认真学习坚持党对军队绝对领导的一系列根本原则和制度，深入学习党的军事指导理论特别是习近平主席重要指示，持续培育当代革命军人核心价值观，大力加强忠诚于党的文化建设，把战斗精神培育与正在开展的"坚定信念、铸牢军魂"主题教育活动、"学习贯彻党章、弘扬优良作风"教育活动结合起来，打牢爱党、信党、听党指挥的思想根基。要坚决反对和抵制"军队非党化、非政治化"和"军队国家化"等错误政治观点，打好意识形态领域斗争主动仗，确保部队绝对忠诚、绝对纯洁、绝对可靠，在任何时候任何情况下都听党话、跟党走。

理想信念的坚定，来自思想理论的坚定。让真理武装我们的头脑，让真理指引我们的理想，让真理坚定我们的信仰。空军工程大学为学员队安排"政工导师"，从强化理论认同、历史认同、法理认同、情感认同入手，阐释党对军队绝对领导的历史必然性和科学真理性。新疆军区某红军师不断丰富"红色基因代代传"工程内涵，引导官兵坚决抵制"政治转基因"，守好"精神上甘岭"。①

2. 持续培育当代革命军人核心价值观。

持续培育当代革命军人核心价值观，是军队思想政治建设的基础工程、铸魂工程。培育战斗精神必须与持续培育当代革命军人核心价值观结合起来。

第一，加强理想信念教育。战斗精神的核心是生死问题。生命对任何人都只有一次，没有任何物质可以交换，唯一能够解决的只有理想和信仰。正确的政治目标、崇高的理想信念是蕴涵在战斗精神之中的本质内核，是我军无往不胜、无坚不摧的力量源泉。革命先驱李大钊面对绞刑架，之所以能振臂高呼"共产主义在世界、在中国，必然要得到光荣的胜利"，方志敏英勇就义前，之所以能喊出"敌人只能砍下我们的头颅，决不能动摇我们的信仰！"夏明翰走向刑场时，之所以能写下"砍头不要紧，只要主义真"，就是因为他们对共产主义理想坚贞不渝、矢志不移。在信息化战争条件下，作战对手将运用各种手段动摇我军战斗意志和信念，官兵的信念信仰时刻经受着考验。必须坚持不懈地抓好理论武装，大力开展理想信念教育，引导官兵树立建设中国特色社会主义的共同理想和正确的世界观、人生观、价值观、荣辱观，为战斗精神培育提供强大精神动力和力量源泉。

第二，培育革命军人生死观。革命军人生死观，实质上是马克思主义生死观，是战斗精神培育的核心问题之一。在长期的革命战争中，我军之所以能够所向披靡、战无不胜，一个重要原因就是广大官兵不畏战、不怕死，不论在任何艰难困苦的情况下，只要还有一个人，就要继续战斗下去，直至流尽最后一滴血。当前，长期的和平环境、市场经济环境下不良风气熏染、西方价值观的渗透以及独生子女潮等问题，都对军人生死观提出新的考

---

① 参见《解放军报》2016年10月25日。

第六章 激发血性：培育一不怕苦二不怕死的战斗精神

验。加强革命军人生死观教育、培养军人血性胆气刻不容缓。要紧紧扭住马克思主义生死观这个核心，强化理论引导和政治教育，从本源上端正官兵对人生意义、人生价值和对待生死问题的根本态度，引导官兵自觉把个人的生命融入国家民族命运和人民利益中去，自觉做到平时不怕苦、战时不怕死、关键时刻豁得出去。

第三，培育爱国主义精神。爱国主义是中华民族之魂，是动员和鼓舞人民团结奋斗的一面旗帜。"苟利国家生死以，岂因祸福避趋之"。培育战斗精神，必须重视培植官兵对国家民族的深厚感情，深入开展爱国主义教育，使每一名官兵树立祖国利益高于一切的信念，把实现国家利益与个人利益紧密联系在一起，激发官兵强烈的民族自尊心、自信心和自豪感，把爱国情怀内化为职业道德和价值追求，外化为捍卫国家根本利益的精神风貌和行为准则，义无反顾地投身到维护国家主权和发展的战斗中去。

第四，弘扬革命英雄主义。我军的革命英雄主义是为了祖国和人民的利益，不怕艰难困苦，不怕流血牺牲，英勇顽强，一往无前的革命精神，它是战斗精神的集中体现。在新的历史阶段，国防和军队建设内外环境与形势任务发生了重大变化，对发扬革命英雄主义提出新的课题。例如，军事实践活动大多是战备训练、非战争军事行动和日常工作生活，军事活动平台不再是在战场上，而是在训练场、教室里甚至是在键盘间；官兵战斗的对手不再是看得见的鲜活的敌人，而更多是拜金主义、享乐主义、极端个人主义等不良思潮。这种形势下，就要求创造性地继承和发扬我军革命英雄主义传统，既要教育官兵坚守革命英雄主义的思想精髓，保持好革命战争年代以"一不怕苦，二不怕死"为核心的革命英雄主义气概；又要创造革命英雄主义的新境界。要用"军人的牺牲岂止在战场"的精神激励官兵，使其把革命英雄主义充分释放到反恐维稳、执勤处突、科技练兵以及反对西化分化的新战场，让革命英雄主义的旗帜永远飘扬在强军兴军的伟大征程上。

3. 大力发展先进军事文化。

文化是精神的土壤，精神是文化的魂魄。我军90多年发展形成的先进军事文化，具有深厚的理论根基和丰富的实践营养，是培育我军战斗精神的一片沃土。

第一，发挥战斗文化的激励作用。战斗文化催生战斗精神。解放战争时期，不少官兵就是受歌剧《白毛女》的影响激励，从而认清阶级压迫、勇赴战场杀敌。现在，也有许多战士因为看了《亮剑》《士兵突击》等影视剧，坚定了从军报国、精武强能的志向。有的官兵说，每次观看这些爱国主义影视剧，就有一种"慷慨赴国难，视死忽如归"的血气在胸中奔涌。培育战斗精神，必须坚持把打造战斗文化作为先进军事文化建设的主线，积极探索军营文化与军事斗争准备相结合的有效办法，大力发展具有部队特色的野战文化、兵种文化、海岛文化、哨所文化，建好用好反映光荣传统和革命精神的军史馆、荣誉室，积极打造富有"战味""兵味"接地气的文艺精品，让官兵在庄严神圣的战斗文化氛围中产生心灵震撼，不断增强对军人职业的认同感和荣誉感。

第二，发挥武德文化的熏陶作用。军队的武德是战争中最重要的精神力量之一。培育战斗精神，必须继承发扬中华民族武德文化传统，激励弘扬为正义而战、为民族而战的武德精神；深刻汲取外军战斗精神建设的经验教训，特别是要批判地借鉴其中的有益经验，使之为我们塑造当代军人战斗精神提供丰富的思想文化资源。

第三，发扬良好环境的影响作用。良好的环境能够熏陶人、培养人、塑造人。培养过硬的战斗精神和作风，要纯正部队风气，着力纠治发生在官兵身边的不正之风，公道正派地处理涉及官兵切身利益的敏感问题，增强部队向心力；树立正确导向，健

第六章 激发血性：培育一不怕苦二不怕死的战斗精神

全完善聚焦打赢、褒奖战功的激励机制，真正把想打仗、研打仗、能打仗的优秀人才选出来用起来，形成"靠素质立身，凭实绩进步"的良好导向；密切内部关系，扎实抓好尊干爱兵教育，广泛开展知兵爱兵育兵帮兵活动，真正营造团结友爱和谐纯洁的内部关系。

东海舰队传承红色基因锻造海上劲旅。东海舰队是海军成立最早、参战最多的部队，经历大小战斗872次，占人民海军战斗总数的2/3以上。[①] 在革命战争年代，先辈凭借有我无敌的战斗精神，剑锋所指，所向披靡，创造了以小打大、以弱胜强的辉煌战绩。但是，作为部队的主体的"80后"、"90后"官兵，在长期的和平环境下长大，没有经过战争洗礼，少数官兵战争观念淡薄。针对少数官兵"仗打不起来，打也轮不到我"等错误认识，东海舰队党委扎实开展形势战备、职能使命专题授课辅导，围绕"形势任务懂不懂、流血牺牲怕不怕、为国捐躯值不值"开展群众性大讨论，使官兵牢固树立"当兵打仗、带兵打仗"和"铁血担当"意识；充分利用海军和本部队厚重的红色资源，以多种形式坚持开展"矢志强军目标，传承红色基因"主题活动，让部队官兵了解历史、缅怀先贤、追忆传统，洗礼心灵，激励斗志，催生动力。新形势下，东海舰队党委深刻学习领悟古田全军政治工作会议精神，坚持把弘扬优良传统、传承红色基因作为铸魂工程，融入官兵血脉，筑牢官兵献身强军实践的精神支柱，续写了英雄部队的新篇章。

（二）在火热的军事实践中培育战斗精神

战斗精神不是与生俱来的，也不是说有就有的。"艺高人胆大，胆大艺更高"。培养英勇顽强、不怕牺牲的战斗精神不但要靠教育，还要通过艰苦的环境、严酷的现实的磨炼。

---

① 参见《解放军报》2016年8月18日。

1. 在严格军事训练中磨砺战斗精神。

军事训练是战争的预演,是和平时期军队保持战斗力的基本途径,也是培育战斗精神的最好平台。坚持在严格训练中培育战斗精神,就要引导官兵积极投身做好军事斗争准备的实践,按照打仗的标准和实战化要求,坚持从难从严从实战出发,敢于在实战条件下摔打锤炼部队,克服消极保安全的观念,克服"练为看""演为看"等不良现象,不断加大训练难度、强度和险度,强化恶劣条件、复杂环境、高难课目训练,使官兵在恶劣复杂环境中培养顽强战斗作风和坚忍不拔意志,不断提高部队实战能力。坚持在严格训练中培育战斗精神,就要紧盯对手、瞄准强敌,加强作战问题研究,创新战法训法,切实把对手研究透、把情况预想全、把制敌招法练强,使官兵培养敢打必胜的战斗意识。坚持在严格训练中培育战斗精神,就要适应信息化战争的特点,充分运用先进的信息技术,按照信息化作战需求,营造信息化作战环境,把战斗精神教育融入到信息化知识、技术和技能的学习掌握中。

西部战区空军推进党史军史学习,弘扬优良传统,传承硝烟铸就英雄虎气[①]。欲知大道,必先知史。西部战区空军成立以来,以"弘扬优良传统,传承红色基因"教育为抓手,利用西部丰厚红色资源推进党史军史学习传承,为新征程上军魂永驻、血脉永续、根基永固凝聚前行力量。新体制新职能新使命,如何引爆优良传统的叠加效应?战区空军党委带领部队在使命任务中淬火加钢。某雷达旅机动分队千里机动攀上海拔5 753米的喀喇昆仑山巅。站在老一辈雷达兵战斗过的地方,年轻官兵庄严宣誓,铿锵的誓言响彻高原,稚嫩的脸上写满坚毅。随后几个月,他们在这里续写了向生理极限挑战的历史。10月下旬,数支航空兵部队凌空出击,自西南西北多地齐聚大漠边缘某机场,复杂

---

① 参见《解放军报》2016年11月28日。

气象环境下自由空战、多批次饱和攻击……训法战法在交手中探索完善，从战火硝烟中走来的英雄部队再次上演血性突击。

2. 在遂行重大军事任务中锤炼战斗精神。

遂行多样化军事任务既是培育战斗精神的有效途径，也是检验培育成效的重要标准。重大军事任务最接近于实战，每经受一次重大任务的锤炼，部队的战斗精神就会多一次积淀，每完成一次重大任务，战斗精神就多一次凝固。随着国际国内形势发展变化和国家战略利益不断向海外、太空和网络空间延伸，我军担负的使命任务不断拓展，部队遂行多样化任务日趋繁重，部队反恐维稳、抢险救灾等非战争军事行动越来越多。必须按照"像打仗一样完成任务"的要求，把执行各种急难险重任务作为摔打部队、锤炼战斗精神的最佳平台，让官兵在苦与累、血与火、生与死的考验中练胆淬勇，在实战中百炼成钢。

3. 在搞好专门心理训练中培塑战斗精神。

"教兵之法，练胆为先。"过硬的心理素质是军人充分发挥手中武器效能，从容应对复杂困难局面的前提条件，是战斗精神准备的基础。信息化战争中，战场几近透明，各种打击兵器杀伤威力空前增大，官兵心理负担也空前增大。而且，舆论战、心理战、法律战等新式作战样式，越来越扮演着重要的角色，对参战官兵心理承受能力、意志品质提出更高要求。必须加强针对性心理训练，按照各兵种、各专业的不同需要，合理设置内容，采用模拟训练、心理调控、野战生存等方法，培塑适应高强度军事对抗所需的心理素质。

（三）结合作风纪律整治培育战斗精神

作风优良是我军鲜明特色和政治优势。实践证明，没有过硬的作风，就不可能培育出顽强的战斗精神。培育战斗精神，必须结合作风建设和纪律整治等活动来进行。大力弘扬我军光荣传统，以优良作风培育战斗精神，为提高部队战斗力提供有力支撑和可靠保证。

1. 严肃纪律抓作风。

"令严方可肃兵威，命重始于整纲纪"。纪律是军队的命脉，是维系和提高战斗精神的重要因素。古罗马的"马其顿方阵"、宋朝的"岳家军"，让人闻之变色，就是得益于平时治军严明，威如雷霆。加强纪律性，革命无不胜。培育战斗精神，必须坚持依法治军、从严治军，教育官兵严格遵守各项法规制度，严守政治纪律、组织纪律和军事纪律，做到听从指挥、令行禁止。严格落实战备、训练等各项制度，依法管理、正规秩序、抓好养成，形成机关依法指导、领导依法管理、部队依法运转的良好局面。结合正在开展的党的群众路线教育活动，严抓作风整治，下大力治理腐败和不正之风，形成风清气正、健康向上的部队风气。

2. 求真务实改作风。

世界上的事情是干出来的，不干，半点马克思主义都没有。培育战斗精神必须实打实、硬碰硬，来不得半点虚假。必须端正指导思想，进一步改进作风，按照打仗要求筹划指导战斗精神培育，以求真精神、务实态度抓好落实，坚决防止形式主义和表面文章。牢固树立正确的政绩观，不贪一时之功、不图一时之名，不断激发官兵练兵打仗的热情动力。制定完善战斗精神培育的长期规划和长效机制，坚持经常抓、长期抓，坚决克服短期行为，切实形成尚武备战、爱军精武的环境和氛围。

3. 艰苦奋斗保作风。

"历览前贤国与家，成由勤俭败由奢"。享乐主义、奢靡之风是成功的大敌；艰苦奋斗是我军提高战斗力、克敌制胜的法宝。在长期和平环境里，军队始终面对精神懈怠的危险，容易滋生松懈麻痹、贪图享受思想，导致练兵热情不高、战斗意志弱化。因此，必须教育引导官兵认清越是生活条件改善，越要发扬艰苦奋斗精神；越是太平盛世，越要树立战备观念，自觉在环境恶劣、条件艰苦的地方磨炼意志、培养作风。自觉克服怕苦怕累、贪图安逸的思想，反对奢侈享乐、精神懈怠，坚决抵制腐朽思想文化的侵蚀影响，经受住各种诱惑考验，始终保持高昂的战斗士气。

4. 干部带头转作风。

领导干部的模范行为，对于官兵培育战斗精神具有极强的示范引导作用。各级领导干部要带头保持昂扬奋进、锐意进取的精神状态，以高度的政治责任感和强烈的使命感，在战斗精神培育中打头阵、当先锋，自觉做到言行一致、表里如一，训练场上身先士卒、以身作则，执行急难险重任务冲得上、顶得住，危险时刻挺身而出、义无反顾，用高尚人格魅力影响官兵，以自身的良好形象带动部队，促进战斗精神培育不断向深度和广度发展。

第七章

联合制胜：提升基于信息系统的体系作战能力

信息化战争不再是单一作战力量、单一作战单元、单一作战要素之间的对抗，而是体系与体系的对抗。基于信息系统的体系作战能力成为作战能力的基本形态，增强基于信息系统的体系作战能力成为战斗力建设的发展趋势。习近平主席强调指出："推动信息化建设加速发展，不断增强基于信息系统的体系作战能力，确保部队召之即来、来之能战、战之必胜。"[①] 这一重要指示，为我军作战能力建设指明了方向。适应未来信息化战争发展要求，必须积极探索基于信息系统的体系作战的特点规律，不断增强基于信息系统的体系作战能力。

一、信息化战争拼的就是体系

体系是由若干事物相互联系、相互制约而构成的有机整体。从系统的角度来看，体系即"系统之系统"，是由两个或两个以上的系统组成或集成的具有整体功能的系统集合。基于信息系统

---

① 《深入学习贯彻党的十八大精神军队领导干部学习文件选编》，解放军出版社2013年版，第268页。

第七章　联合制胜：提升基于信息系统的体系作战能力

的作战体系，以综合电子信息系统为纽带和支撑，各种作战要素、作战单元、作战系统相互融合，将实时感知、高效指控、精确打击、快速机动、全维防护、综合保障集成为一体，形成具有倍增效应的作战体系。信息化条件下战场对抗的基本形态，是体系与体系的对抗。

(一) 以信息系统为基础

信息系统是指将信息从信息源传递给有关用户的职能系统。"从信息变换的角度看，信息系统通常包括信息的获取、传输、处理、存储、检索和输出等几个过程，这些过程相互联系并相互作用。"[①] "在任何一个大系统中都必须有一个沟通各子系统的信息系统作为它的子系统存在，信息系统是整个系统的神经网络，它使大系统中的诸要素之间发生联系，并以此体现其重要作用。"[②] 可见，军事信息系统是以先进的军事信息技术为基础构建的，能够实现军事信息获取、传递、处理与利用等多种功能的人—机综合系统。

军事信息系统的核心是用于支撑指挥控制和作战行动的综合电子信息系统。综合电子信息系统是多个信息系统的综合集成，为诸军兵种联合作战提供信息支持。它依靠先进信息技术，利用系统集成的办法，基于高度共享与广泛合作的理念，把各类信息系统融为一体，从而构成预警探测、指挥控制、信息传输、信息处理、软硬打击等要素高度融合的综合性网络体系。

综合电子信息系统由情报侦察系统、指挥控制系统、电子战系统、信息传输系统、导航定位系统和其他信息系统等多种功能信息系统组成。（1）情报侦察系统是通过多种情报和信息获取手段对敌方的各种情报进行搜集、处理、分析、存储和分发的系

[①②] 徐根初：《信息化作战理论学习指南》，军事科学出版社2005年版，第286页。

统。(2) 指挥控制系统主要由以计算机为中心的各种输入/输出设备、网络设备、显示设备、内部通信设备等组成，是综合电子信息系统的核心。(3) 电子战系统由侦察传感设备、显示操作设备、干扰执行设备、通信设备以及数据处理中心等组成，主要利用电磁信号辐射和交换的原理，对敌方信息的传输与利用进行干扰、破坏，并保持己方信息的传输和利用。(4) 信息传输系统主要由有线通信网、无线通信网、光纤通信网及通信控制中心组成，保证各种信息迅速、准确、保密和不间断的传输以及信息的自动交换、加密、解密和选择路由等，是实现指挥自动化的基础。(5) 导航定位系统是引导运载体安全、经济、便捷、准确地沿着所选定的路线准时到达目的地的信息系统。导航系统是完成导航过程的基础，包括陆基导航系统、卫星导航系统等。随着无线电数据通信网络的发展，导航与通信、目标识别趋于集成。

综合电子信息系统具有互联、互通、互操作的融合功能，实现作战单元、作战要素和作战系统的整体联动。其主要特点为：

第一，融合各种作战要素。机械化条件下作战，情报侦察、指挥控制、火力打击、综合保障等各作战要素相对独立、相对分散。信息化条件下，综合电子信息系统将原来相互独立、相对分散的力量要素，融合为一个信息传递实时、协调配合精确的有机整体。军队作战能力不再是各个作战要素自身作战能力的简单相加，而是在综合电子信息系统作用下的"耦合放大"，成倍增加，产生的整体作战能力远远大于部分作战要素能力之和。

第二，支撑联合作战行动。信息化条件下作战，是诸军兵种共同实施的联合作战，体系与体系对抗成为其基本特点。联合作战的整体联动及其能力高低，对作战的成败具有重大影响。由于综合电子信息具有联结和聚合作用，使得联合作战体系形成一个密切关联、有机互动的效能融合整体。在这种体系中，信息成为核心资源和主导要素，作战制胜的机理演变为夺取和建立信息优势，并将信息优势转化为决策优势、行动优势和战争胜势。这样，由于综合电子信息系统的作用，不仅使得联合作战体系潜在作战能力得以有效发挥，同时也缩短了"发现—决策—计划—行动"的周期，并导致战场上出现"以快打慢""以精胜粗"的现象。

第三，优化作战能力结构。战争从旧形态向新形态演变，主要是由战争的物质技术条件决定的。机械化战争建立在工业革命的基础上，形成的是粗放的兵力、火力打击系统。而信息化战争建立在信息革命的基础上，形成的是精密的综合电子信息系统，以及在该系统支持下的精确打击能力。在综合电子信息系统的网络结构中，物质与能量在信息的主导下可以更灵活、更协调、更自如地配置和流动。综合电子信息系统可以从众多的武器平台、传感平台和指挥控制平台中汲取信息，而这些平台又可以在系统内通过共享战场态势信息进行协同性自我组织。这样，在综合电子信息系统的融合、链接作用下，将作战体系各组成部分构成一个有机互动的整体，实现杀伤力、机动力、防护力、信息力、指挥控制力、保障力等优化组合，生成具有倍增效应的体系作战能力。

正是由于综合电子信息系统的这种重要的融合功能和主导功能，使得其在现代战争中发挥着越来越重要的作用，成为信息化条件下战斗力生成和发挥的基础和前提。

（二）基于信息系统的作战体系

基于信息系统的作战体系之"体系"的概念，来自于当代系统集成的观念和理论。20世纪90年代，系统论和系统工程进一步发展，并出现了"系统的系统""系统集成"等思想和理论。美军将这些理论运用到军事领域，提出了"横向技术一体化"等观点，提出，随着信息技术和信息化武器装备的发展，军队武器装备系统数量越来越多，相互关联性越来越强，"应该设计一个架构,将各个军事系统整合起来,以大幅度提高军事能力。"① 火炮、坦克、飞机等武器平台可以看作为具有不同功能的系统,而通过一定的"架构"把这些系统整合起来,就形成了具有整体功能的体系。因此,体系就是"由两个或两个以上已存在的、能够独立行动实现自己意图的系统组成或集成的具有整体功能的系统的集合。一个体系可能由现存的多个系统组成,也可能由多个子体系组成。"② 简单来讲,体系是由两个或两个以上系统组成的具有整体功能的系统集合。

作战体系是"体系"概念在作战领域的运用。它是指由各种作战要素、作战单元、作战系统,按照一定结构进行组织联结起来、并按照相应机理实施运作的整体系统。

从构成的角度上看,作战体系由若干作战要素、作战单元、作战系统组成。它们之间相互联系、相互作用,共同构成一个统一的整体。(1)作战要素。它是指构成作战体系的基本因素。不同的作战力量编成,其作战要素的结构和功能也不尽相同。信息化条件下,战略战役层次的作战要素主要包括战略预警、战场监视、指挥控制、目标保障、电磁频谱管控、测绘导航保障、气象水文保障和舆论战心理战法律战、联勤保障、装备保障、全维防护等。战术层次的作战要素主要包括侦察情报、指挥控制、火力打击、通信保障、网电对抗、综合保障、全维防护等。(2)作战单元。它是指由多个作战要素构成、能独立遂行作战任务、便于进行模块化编组的基本作战单位。具体可区分为突击单元、指挥单元、火力单元、保障单元四大类。③ 从力量构成上看,作战单元的构成主体是作战实体,即由不同类型的建制单位或不同种

---

① 任连生:《基于信息系统的体系作战能力概论》,军事科学出版社2010年版,第37页。
② 胡晓峰:《战争复杂系统建模和仿真》,国防大学出版社2004年版,第349页。
③ 董连山:《基于信息系统的体系作战研究》,国防大学出版社2012年版,第3页。

类的武器平台构成,有时一个作战实体可能就是一个作战单元;从构成条件上看,作战单元的构成要素相对齐全,即随着作战任务的变化而编组不同的作战单元;从作战功能上看,作战单元必须具有模块化功能,即可根据作战任务的需要进行灵活组合。(3)作战系统。主要是指构成作战体系的各个子系统。如情报侦察系统、指挥控制系统、火力打击系统、全维防护系统及综合保障系统等。实现各作战系统的融合,是体系作战的基本内容。

从系统论的角度看,作战体系是按照一定的作战目的,通过 C^4ISR 系统,将人员和武器装备联系起来的有机整体。信息"将作战体系构成的各部分连接得更加协调和紧密,它超越了物质的时空关系,更超越了战斗力诸要素在地理空间上的直接连接,使战场上的人、武器、作战单元等一切战斗力要素具有一种基于信息的网状运动的高级系统的关系。"[1] 作战体系是在各子系统的相互作用下形成的复杂自适应系统。根据结构决定功能的原理,构成作战体系的各单元、各要素对体系整体效能的贡献不是他们各自能力的线性加和,而是具有放大或缩小功能的非线性作用。体系的整体结构科学、合理,则体系的整体功能大于各子系统的线性叠加之和;体系的整体结构不科学、不合理,则体系的整体功能小于各子系统的线性叠加之和。

基于信息系统,是指将综合电子信息系统作为作战能力生成与释放的技术基础,发挥综合电子信息系统的互联、互通、互操作的融合功能,实现作战要素、作战单元和作战系统的整体联动。基于信息系统的作战体系是指在某一特定战场范围内,以统一的作战任务为牵引,以信息系统为主导,由相互依存、相互作用的各种作战力量、作战单元、作战要素及作战系统,按照一定组织结构而构成的整体系统。它由指挥体系和信息化装备体系两

---

[1] 杨宝有、夏云峰:《试论信息化作战体系的构建和运行原理》,载于《军事学术》2006年第1期。

大部分构成，包含侦察感知、指挥控制、联合打击、快速机动、全维防护、综合保障等多种功能。

（三）基于信息系统的体系作战

体系作战是区别于机械化条件下以作战平台为中心的作战。它是将"作战体系"看成一个复杂的自适应系统，各个子系统在一定规则的共同作用下，相互影响、相互制约、相互促进，使作战体系具备各个子系统简单叠加所不具备的整体能力。基于信息系统的体系作战，是指以信息系统为纽带和支撑，将诸军兵种作战部队的实时感知、高效指挥、精确打击、快速机动、全维防护、综合保障等作战要素集于一体，为完成特定作战任务、达到统一战争目的所进行的作战。它以军事信息系统为基础，依靠信息网络的"无疆界、零距离、即时性"特性，通过数据的广泛融合和信息的快速流动，把各类作战资源和能力实时有效地汇聚起来，形成具有倍增效应的整体作战能力。我们可以从以下几个方面对基于信息系统体系作战进行理解：

第一，信息系统是基础。信息系统是实施体系作战的必要条件和重要基础，对作战体系的效能发挥起着牵引和主导作用。只有在信息系统的聚合作用下，才能将各作战要素、作战单元、作战系统高度融合为一个统一的整体，才能达成作战体系的广域、全时、多维联动，实现互联、互通、互操作，才能实现真正意义上的体系作战。

第二，整体联动是核心。作战体系内各种不同的作战单元、要素，在信息系统的链接融合下，通过共享战场信息和感知战场态势，达成指挥控制与作战行动高度一致，在不同的地域、空间，实时、同步、有序地展开各种行动，以实现整体效能的快速融合与释放。主要表现在：一是时间上联动。各作战单元、作战要素，根据同一目的，在不同空间所进行的同时作战或次序作战；二是空间上联动。分布在不同空间内的各种作战力量，基于对战场态势的共同理解和把握，采取步调一致的各种作战行动。三是要素上联动。作战体系内各作战要素之间，在信息系统的支持和帮助下，进行实时或近实时的同步协同。四是单元上联动。各种作战单元彼此之间同步反应，形成整体合力和行动上的协调配合。

第三，整体效能是目标。以信息感知和利用为主线，以信息系统为依托，将各军兵种的作战平台、武器系统、侦察情报系统、指挥控制系统和保障系统等进一步融合，作战将是敌对双方整个作战体系之间的对抗。只有各种作战力量综合使用、各军兵种密切配合、各种武器装备优势互补，才能实现作战体系各要素的紧密融合，才能形成真正意义上的体系作战或整体作战威力。体系作战不是各作战子系统行动的简单叠加，而是有机融合，其目的是生成、巩固和提升体系作战能力。它追求的是整体效能涌现，而不是单项指标的突出冒进。

二、体系作战能力的特点规律

基于信息系统的体系作战能力，是以军事信息系统为纽带和支撑，将实时感知、高效指挥、精确打击、快速机动、全维防护、综合保障等作战能力集成于一体，所形成的具有倍增效应的体系化作战能力。信息化条件下，基于信息系统的体系作战能力成为战斗力的基本形态。必须深刻认识和把握其科学内涵、本质特征、构成要素和生成机理。

（一）基于信息系统的体系作战能力的主要特征

基于信息系统的体系作战能力，是信息化条件下战斗力的基本形态，其核心是运用信息系统，把各种作战力量、作战单元和作战要素融合集成为整体作战能力，从而实现作战效能的最大化。其基本内涵是，以信息化作战力量为骨干，以网络化信息系统为依托，以一体化指挥控制为中枢，以联合作战力量为编组，通过信息链接主导，实现各种资源功能互补、各种力量互联互通、各空间行动密切协调，是集综合感知、实时控制、精确打击、远程投送、全维防护、集约保障于一体的整体军事能力。核心是"网聚能力"，即通过信息网络凝聚而成的新质战斗力。其本质特征主要体现在以下几个方面：

第一，信息支持融合一体。以信息系统为支撑的体系作战能力成为信息化条件下战斗力的基本形态，其关键就体现在有效的信息获取、实时的信息传输、智能化的信息处理和科学的辅助决策上。通过网络化、自动化、智能化的信息系统，将战场感知、指挥控制、火力打击和信息攻防平台等作战要素联为一体，构建战略、战役、战术相融合的信息系统，形成面向不同领域、覆盖整个作战行动的信息网络，为作战行动提供源源不断的融合一体的信息支持。

第二，预警感知多维立体。基于信息系统的体系作战着眼适应信息化战争需要，通过全面整合各种预警侦察力量和资源，综合运用多种侦察手段，充分利用一体化网络信息系统，实时满足各级对情报信息的不同需求，从而提高战场态势感知能力和指挥控制能力。

第三，火力打击实时精确。随着高新技术的迅猛发展，精确制导武器性能更加完善，命中目标更加精准。这种精确、实时的火力打击，通过运用集信息作战和精确打击为一体的信息化武器装备，实现信息系统与武器平台的无缝链接，从而把信息优势变成时空优势、速度优势和效能优势。火力打击实时精确是基于信息系统的体系作战能力突出特点。

第四，信息对抗全维全程。基于信息系统的体系作战能力，既体现在综合运用各种手段破坏敌信息系统和武器弹药系统，降低对方整体作战效能上，又体现在对己方信息安全的有效防护

第七章　联合制胜：提升基于信息系统的体系作战能力

上，使作战双方的信息对抗贯穿战争的全过程。

第五，作战力量高度融合。基于信息系统的体系作战在陆、海、空、天、电、网等多维空间、各个层次、各个方向同时进行，各种作战力量、作战单元和作战要素在一体化的信息系统链接下，形成一个有机整体，可以在不同地域、不同空间，同一时间对同一目标实施有效打击。

（二）基于信息系统的体系作战能力的构成要素

基于信息系统的体系作战能力，是由多个功能完备的单元作战能力经系统融合而形成的，通常包括侦察预警、指挥控制、信息攻防、火力打击等多个方面。

第一，侦察预警能力。它是指系统融合侦察卫星、无人机、传感器和专业侦察力量，实现全天候、全时空、全频域预警侦察监视，具备对空中来袭兵器预警、对地面固定作战目标侦察、对地面移动作战目标探测等战场感知能力。主要包括陆基情报侦察能力、海基情报侦察能力、空基情报侦察能力、天基情报侦察能力。侦察预警能力是体系作战能力的基础和前提。在军事信息系统的支持下，陆、海、空、天、电多维空间上广泛分布的各种情报侦察装备、各级情报侦察装备系统实现互联、互通，具备多层次、全方位、分布式的情报信息搜集能力。

第二，指挥控制能力。它是指挥员及其指挥机关对诸军兵种作战力量的作战行动进行运筹决策和协调控制的能力。指挥控制能力是体系作战能力的关键能力，是保证形成体系作战能力的核心条件。主要包括：筹划组织能力，即指挥员及指挥机关准确判断情况、适时定下正确决心，并做好各项作战准备的能力；协调控制能力，即指挥员及指挥机关为发挥各军兵种整体作战威力，对所属力量作战行动进行调控纠偏，保持作战力量协调一致、有序行动的能力；指挥对抗能力，即保护己方和攻击敌方作战指挥系统，夺取和保持作战指挥优势的能力。

第三，火力打击能力。它是指综合运用各种打击火力，有效杀伤敌有生力量、破坏军事设施、摧毁武器装备的能力。在信息系统的支撑下，陆基、海基、空基、天基多平台火力打击系统形成一体化的打击火力配系，能够对多种目标实施陆、海、空、天一体的火力打击。其反应速度更快、打击距离更远、命中精度更高、火力毁伤效果更好。

第四，突击抗击能力。它是指运用作战力量攻击、占领或扼守重要地区目标的能力。主要包括：（1）突击行动能力，即集中兵力对敌实施急速而猛烈打击，占领敌阵地，迟滞、瓦解敌军使其陷入混乱的能力。主要着眼瘫痪敌方防御体系，夺控敌方关键节点和重要枢纽。（2）抗击行动能力，即抵抗敌方进攻，消耗敌人、扼守阵地的能力。信息化条件下的抗击行动，将更强调在各种有效火力的支援、配合下，地面抗击与对空抗击紧密结合，在防御全纵深同时抗击敌人的进攻。

第五，立体机动能力。它是指为保证作战行动顺利实施，将作战部队和武器装备快速、安全地输送到指定作战区域的能力。快速机动能力是夺取战场主动权的基础，是形成体系作战能力的基本要素之一。信息化条件下，部队机动将在陆海空全方位展开，形成广域投送、高效快速的一体化机动能力。

第六，信息攻防能力。它是指干扰、压制或摧毁敌方信息和信息系统，同时保护己方信息和信息系统的能力。信息系统是构成一体化作战体系的基础，信息攻防能力是实施非对称作战，干扰、破坏、瘫痪敌作战体系的重要手段。如果不能在信息攻防能力上形成强大优势，也就难以形成体系作战能力的优势。信息攻防能力主要包括：（1）信息进攻能力，即综合运用各种信息作战力量，干扰、破坏、瘫痪敌作战体系的能力。信息进攻既需要硬摧毁力量，破坏敌信息基础设施，也需要软打击力量，破坏敌信息系统。（2）信息防御能力，即保防己方信息及信息系统免遭敌方破坏的能力。主要通过信息系统防护、信息安全保密等方面来达成。信息化条件，信息防御涉及的范围越来越广，无论是平时还是战时，都必须加强信息防御。

第七，全维防护能力。它是指抵御敌方对我作战体系实施打击与破坏的能力。全维防护能力是保持己方作战力量的重要手段，是构成体系作战能力的重要因素之一。全维防护能力主要包括：（1）防侦察监视能力，即采取隐蔽、伪装、机动等手段，削弱或阻断敌方侦察监视的能力。（2）防空反导能力，即破除和降低敌空中威胁，对来袭导弹和飞机等实施侦察预警、战术机动、积极防御等活动的能力。（3）核化生防护能力，即避免或减少各种核武器、化学武器、生物武器袭击造成的毁伤或者次生核化生危害，保护部队战斗力的能力。

第八，综合保障能力。它是指为诸军兵种联合作战提供作战、后勤和装备保障的能力。后勤装备保障是作战的基础物质条件。信息化条件下，构建战略战役战术多级一体、陆海空联合实施的综合保障体系，有力支持作战行动高效运转、武器装备效能充分发挥，是保证体系作战能力生成和持续发挥的物质支撑和重要条件。综合保障能力主要包括：（1）作战保障能力，即为保证指挥决策和作战行动顺利进行而采取各种作战保障的能力。（2）后勤保障能力，即运用人力、物力、财力资源保障作战行动顺利实施的能力。（3）装备保障能力，即采取各种措施使武器装备处于良好技术状态，可随时遂行作战任务的能力。

第九，舆论法理斗争与心理攻防能力。它是指综合运用舆论造势、心理攻击、法律斗争等手段，从舆论上夺取优势，消磨和摧毁敌方抵抗意志，从心理上瓦解敌军，鼓舞和提升己方民心和士气，从法理上夺取主动的能力。

（三）基于信息系统的体系作战能力的生成规律

基于信息系统的体系作战能力，是在军事信息系统的支撑下，诸军兵种作战单元、作战要素、作战力量综合集成而形成的。信息系统把作战体系内各个部分有机融合起来，促使整体作战能力得以极大提升，给作战行动带来巨大影响。其生成机理体现为：信息融合、功能耦合和联动聚能。

第一，信息融合。所谓信息融合，是指信息系统把组成作战体系的各个部分紧密地联结为一个有机的整体，促进侦察探测全维化、指挥控制网络化、作战力量一体化，从而极大地提升作战体系的侦察监视能力、指挥控制能力、综合对抗能力。在作战体系中，各作战单元、作战要素、作战系统都是信息网络上的一个节点，离开军事信息系统的支撑，任何武器装备都将难以发挥其应有效能。同时，在信息的搜集、处理、传输、分发、使用上，任何一个环节出现差错都可能造成整个作战流程的混乱。因此，要谋求作战力量整体效能的最大化，不仅要求构建科学高效的信息系统，而且要着力于作战单元、作战要素地不断优化重组，使各作战力量、武装系统、各维战场空间和各种作战行动在军事信息系统的支撑下形成一个结构紧密、反应灵敏的整体，使之更加高效有序地运转，以达到整体最优的目的。

第二，功能耦合。耦合在物理学上是指两个或两个以上的系统或两种运动形式间通过相互作用彼此影响以至联合起来的现象。所谓功能耦合，是指通过军事信息系统的融合，侦察探测、指挥控制、精确打击以及战场机动等作战要素的功能彼此影响、相互补充、相互促进，从而使整体效能倍增。体系作战能力的生成，取决于各种能力要素的耦合作用。信息技术的发展，为功能耦合提供了极为有利的条件和强有力的技术手段。依托军事信息系统，可以将分散配置的诸军兵种作战力量有机融合起来，把战场上的各种作战要素及效能实时、动态地进行一体化整合，从而产生整体合力；可以根据战场新出现的态势情况，以信息实时共享为"纽带"，将呈"星点"状的力量联结成"网络"状力量，从而使各作战力量之间的联合更加紧密、配合更加高效。通过军事信息系统，任何作战单元除拥有自身的能力外，还能实时分享

第七章 联合制胜：提升基于信息系统的体系作战能力

其他作战单元的一些能力。比如，一线作战单元，在运用自身侦察能力的同时，还能利用整个体系中其他单元的侦察能力，实时共享其他单元的相关侦察情报信息，这就使得局部的能力被显著放大。军事信息系统能"聚合"各个部分的能力，形成新的作战能力。

第三，联动聚能。所谓联动聚能，是指体系作战能力各构成要素整体联动、同步运行，使作战能力凝聚成一个整体，实现能力的聚合，并随时根据各种情况做出协调一致的反应。具体地说，就是各作战单元依托军事信息系统，实现情况判断、决心处置、部队行动、作战评估的快速循环和作战力量的整体联动。在发现并确定攻击目标之后，能够根据不断变化的战场情况，迅速决定用什么力量、以什么方式遂行作战任务，指挥引导打击力量实施精确打击，并进行实时化的作战评估，从而确保整体作战效能得到最大程度发挥。联动聚能主要体现为各种作战力量能够同时感知战场态势、精确敏捷地控制、同步采取行动。一是战场态势实时共享。实时高度共享的信息资源是整体联动的基础。作战体系内的所有人员可以根据自己的权限，获取所需的战场态势信息和作战支援信息，并有效实现互联、互通和互操作。一体化的信息资源共享机制，满足从战略指挥机构到普通作战单元的信息需求。二是指挥控制精确敏捷。借助实时共享的信息资源，指挥机构可以对相关作战信息进行综合分析，快速处理大量的不确定性信息。敏捷型的作战组织使广域分布的作战单元相互融合，根据任务要求迅速重组。精确敏捷的指挥控制能够及时根据战场态势的变化，合理使用各种可利用的资源，筹划、部署、组织、协调作战力量。三是作战行动协同一体。在军事信息系统的支撑下，作战指挥机构可以对诸军兵种的作战力量进行整体筹划、控制和协调。各作战单元能够在统一的作战行动中实施自我协同反应，自觉与其他作战单元进行配合，对战场出现的新情况做出快速反应，减少协同的滞后性，部队作战能力能够发挥至"最佳效果"。

三、体系作战能力建设的方法措施

能打仗、打胜仗，是强军目标的内在要求，是军队一切工作的着眼点和出发点。战争形态是不断发展变化的。随着世界新军事革命的深入，战争形态由机械化向信息化的演变也日益加快。适应战争形态的变化，必须加强基于信息系统的体系作战能力建设。

（一）加强信息系统建设

基于信息系统的体系作战能力，基础是"信息系统"，关键是发挥信息的"融合"作用，将作战单元、作战要素、作战系统无缝链接为有机整体。"信息"在体系作战能力建设中，正逐渐取代物质和能量，成为作战的主导因素；制信息权正逐步取代传统的制海权、制海空权，成为敌对双方争夺的焦点，夺取制信息权成为作战行动的前提。因此，增强基于信息系统的体系作战能力，必须彻底改变机械化条件下围绕火力和机动力筹划作战力量能力建设的观念，确立以信息为主导和支撑来建设体系作战能力的新观念，突出"信息力"在体系作战能力建设中的核心地位，以信息化带动机械化，实现"跨越式"发展。

第一，构建支撑体系作战的指挥信息系统。新型作战体系应以体系作战需求为牵引，下功夫建好支撑体系作战的指挥信息系统，这个系统应该是由预警与情报侦察系统、信息传输系统、导航定位系统、信息对抗系统、指挥控制系统和其他作战保障信息系统组成的大系统，而且是网络化、一体化的大系统，能够与不同层次类型的子系统实现"合适时间、合适地点、合适信息"的互联互通互操作。

第二，强化核心信息技术自主创新。提高基于信息系统体系作战能力，必须实现信息系统的自主可控，强化基础软件与核心

第七章 联合制胜：提升基于信息系统的体系作战能力

元器件的自主创新，努力掌握一批核心关键技术。不管什么情况下，信息化建设的命脉都要牢牢掌握在自己手中。

第三，提升网络与信息系统安全保障能力。实施基于信息系统的体系作战能力，必须以安全可靠的网络信息系统为前提。当前，网络空间面临的安全形势越来越严峻，应把提升网络与信息系统安全保障能力，作为基于信息系统体系作战的重要前提和基础，切实强化网络防御力量建设，确保战场信息的及时获取与传输顺畅。

（二）加强系统综合集成和有效融合

基于信息系统的体系作战能力建设，最终目标是实现各作战系统的效能融合，最大限度地发挥整体作战功能。当前，应重点抓好以下几个方面的融合。

第一，指挥手段基于一体化指挥平台的信息融合。以系统化改造、网络化链接为重点，实现从"树立烟囱""捆绑烟囱"向"减少烟囱"的转变。一是加大一体化建设力度。研制开发通用信息平台和系统软件，对现有信息系统及应用软件进行整合优化。二是增强指挥手段战场适应能力。以"轻、小、精、固、便"为标准，加快现有指挥装备野战化的改造步伐；着眼快速展开、快速沟通和快速修复，提高指挥控制系统通用化、系列化、模块化水平。三是提高指挥网络的抗毁生存能力。深入研究未来战争的通信需求，加快最低限度通信装备的研制，确保在遭敌严重摧毁、压制和干扰的情况下，对部队指挥与控制的通信顺畅。

第二，力量结构基于一体化联合作战的要素融合。打破军种界限、单位界限、专业界限和时空界限，科学重组各种力量。实现军种之间高度联合、军种内部融合一体、作战单元模块组合，达到作战功能互补和整体作战效能的最大化。

第三，武器装备基于作战需求的系统融合。以作战需求为牵引，更新换代与升级改造并重，当前急需与促进长远发展结合，加速推进部队武器装备的建设发展。一是按照系统化要求搞好同步配套。在列编配备上，同系统、同建制部队的装备应尽可能同步到位；在综合保障上，配发新装备应同步完成设施设备、器材教材等的配套建设。二是着眼一体化趋势进行升级改造。针对现役武器装备存在的问题，采取融合、嵌入、附加、链接等方法，提高现役武器装备的信息化水平。三是瞄准信息化目标加大更新力度。积极研制新型武器装备，已定型的应尽快成建制批量装备部队，构建适应任务需要的新一代武器装备体系。

第四，作战人员基于联合编组的能力素质融合。高素质的新型军事人才是组织领导信息化建设、驾驭信息化战争的核心。一是素质结构应注重联合作战指挥能力。突出培养组织指挥联合作战和联合训练的指挥军官，善于协调组织和出谋划策的参谋队伍，精通信息化武器装备和军事信息网络的专业技术人才，熟练掌握和灵活运用信息化武器的新装备操作骨干。二是机构编组要适应联合作战指挥要求。本着"全系统、全要素"的原则，建立健全联合作战指挥体制；根据各军种可能担负的任务及在联合部队中所占比例，科学编组指挥机构人员；调整编设作战保障部位，为联合作战指挥提供常态化共用场所与平台。三是训练演练应突出联合作战指挥内容。联合训练是提高指挥员信息化条件下联合作战指挥能力最直接的途径之一，也是促进作战人员能力素质融合最有效的手段，应通过共同使命任务牵引、联合作战问题研究、联合训练活动组织，逐步实现诸军兵种作战要素、作战单元和指挥手段的融合集成。

（三）探索体系作战的方式方法

在未来信息化局部战争中，有机释放基于信息系统的体系作战能力，需针对一体化联合作战的特点，按照信息主导、精确打击、体系破击、联合制胜的思路，探求体系作战的方式方法。

第一，以信息主导为基础支撑。通过"信息能"将作战力量有机融合起来，充分发挥作战效能。一是全维信息侦测。利用各种高技术探测器、传感器、计算机网络等先进手段,为信息进攻、作战指挥、武器控制和其他作战行动提供信息保障。二是网电一体攻防。依托电子对抗、网络对抗等手段,阻塞干扰敌要害电子目标和空间信道,削弱破坏其信息战能力,确保己方信息系统效能正常发挥。三是实施毁节破网。综合运用信息化弹药及特种作战等手段,破坏敌方指挥控制中心、通信枢纽和网络节点。

第二,以精确打击为主要手段。传统作战中,力量使用往往是粗放概略式的。信息化条件下作战,必须精确用兵。一是科学选定时机目标。围绕夺取战略战役主动,重点在首轮突击、战役转换等关键时机,对敌方要害目标实施精确打击。二是合理编组打击力量。根据战场态势和战局发展统一调配,科学使用精确打击力量。三是统筹协调指挥控制。根据作战进程,着眼作战需求,对各种打击力量何时打、打什么、打多久、打到何种程度等,进行精确调控,实现火力打击的节约高效。

第三,以体系破击为基本途径。通过综合运用多种手段打敌节点、瘫其系统、破击体系。以炮兵、装甲兵破击敌方反冲击作战体系为例,可按照消灭节点(目标)——瘫痪系统——破击体系等步骤,区分先毁瘫其核心系统(信息系统),再毁瘫其主要系统(指挥控制、情报侦察),后毁瘫其重点系统(战斗力量、战斗支援)等几个层次组织实施。

第四,以联合制胜为实现模式。以联合信息作战为主导行动。运用高度融合的信息作战力量,全过程实施信息侦察、攻击和防护,夺取和保持战场制信息权;以联合火力打击为主体行动,在陆、海、空、天、电、网多维空间,对敌战略要地、兵力集团、战争潜力等目标实施快速、精确、高效的火力毁伤;以联合全维防护为辅助行动。集中使用各种防护力量,综合运用多种防护手段,构建多层次、全方位的立体防护网络;以联合保障为重要行动,统一协调组织各军兵种保障力量和军地保障资源,运用多种手段,为联合行动提供多维度、立体化、全时空、精确实时的综合保障。

第八章

战略威慑：增强遏制战争、捍卫和平能力

军事力量的运用包括实战与威慑两个方面。我军所强调的战略威慑，是通过战略威慑遏制战争，维护国家安全，促进世界和平。习近平主席深刻指出："全军一定要充分认识我国安全和发展面临的新形势新挑战，坚持把国家主权和安全放在第一位，坚持军事斗争准备的龙头地位不动摇，全面提高信息化条件下威慑和实战能力，坚决维护国家主权、安全、发展利益。"[①] 具有战略威慑、遏制战争的能力，是新的历史条件下军事斗争准备的时代需求，是维护国家安全和发展利益的必然要求。必须深刻把握战争与和平的辩证规律，增强信息化条件下战略威慑能力，预防危机，遏制战争，"不战而屈人之兵"。

一、战略威慑由来已久

早在二千多年前，军事家孙子就指出："是故百战百胜，非善之善者也；不战而屈人之兵，善之善者也。"[②] 在战争中，百

[①] 《习主席国防和军队建设重要论述读本》，解放军出版社 2014 年版，第 21 页。

[②] 李兴斌注释：《孙子兵法》，崇文书局 2015 年版，第 27 页。

第八章 战略威慑：增强遏制战争、捍卫和平能力

战百胜，不能算是最高明的，不经过战斗而迫使敌人臣服，才是最高明的。战略威慑是军事斗争的重要手段，最高级的斗争形式。战略威慑古已有之。随着战争形态的不断演化，其手段也不断增多，内容不断更新，效果也不断增强。

（一）历史上的战略威慑

战略威慑是指国家或政治集团为实现既定的政治目的，以军事手段为主，造成强大的声势或威力慑服对方的行动。战略威慑作为人类社会的一种斗争样式，来源于人类相互之间的利益冲突。在我国，"威慑"一词最早出现于战国时期吕不韦《吕氏春秋·论威》一书。书曰："举凶器必杀，杀，所以生之也；行凶德必威，威，所以慑之也"。[①]

春秋时期，周王室由盛而衰，各诸侯国之间不时发起战端，战争对社会生产力造成巨大破坏，给人民生活带来深重灾难。孙子提出，要严肃慎重地对待战争，同时悉心探求不受损失就能取胜的战略战术和用兵方法，提出"善用兵者，屈人之兵，而非战也；拔人之城，而非攻也；毁人之国，而非久也。"[②] 要力争"不战而屈人之兵"，这样可"兵不顿，而利可全"。孙子主张"不战而屈人之兵"，目的是希望以最小的代价去争取一个相对和平的环境，以减轻战争带来的巨大破坏和损伤，减轻国家的财政负担，使"百姓"能够休养生息，发展生产。东汉末年，曹操为《孙子兵法》作注曰："兴师军入长驱，距其城郭，绝其内外，敌举国来服为上；以兵击破，败而得之，其次也。"[③] 唐太宗李世民也把孙子"不战而屈人之兵"的思想推崇为"至精至微、聪明睿智、神武不杀"的最高深的军事准则。明代何其良在

[①] 陆玖译注：《吕氏春秋》，中华书局2014年版，第225页。
[②] 李兴斌注译：《孙子兵法》，崇文书局2015年版，第28页。
[③] 杨旭华、蔡仁照：《威慑论》，国防大学出版社1990年版，第11页。

着力提高信息化条件下威慑和实战能力

其所著《阵纪》一书中写到："能以威慑服人，智谋屈敌，不假杀戮，广致投降，兼得敌之良将者，为不世功；兵不赤刀，军不称劳，而得土地数千里，人民数十万者，为不世功。"意思是说，能以威力、威望和智谋使敌屈服，不用杀伤就能使敌人兵服将降，不动用武力就能夺得敌国土地和人口，这些就是最大的胜利。明代兵书《投笔肤谈》中也主张"不多旅，不失师，不暴卒，不角力"，力求以小的代价，获取大的胜利，达到"期于遏敌之锋，而非期于敌之尽"。① 就是说在敌人行动之前就慑止挫败其企图，而不要与敌以死相拼来使之屈服。这些都是对孙子"不战而屈人之兵"的威慑思想的继承和发展。

在战略威慑的运用上，成功者屡见不鲜。公元前529年，晋昭公为巩固霸主地位，以诸侯有不轨之心为理由，大会诸侯于平丘（今河南省封丘县东），并采用叔向的计谋，以兵车四千乘（一乘一般由"三马一车"组成）显威示众，震慑诸侯，迫使他们俯首称臣。历史上称此为平丘之会。春秋时期，齐桓公依据"不战而胜"的威慑思想，采取"杀一儆百""挟天子以令诸侯"等威慑方式，第一个登上霸主宝座，并以"会盟诸侯"的外交手段，维护霸业数十年。晋文公实行"取威图霸"的威慑战略，战胜了强大的楚国而一统天下。吴王夫差采取"北威齐晋"的战略，同晋争雄，于公元前482年与晋定公会战于黄池，吴国大军以凛凛军威，严整的阵势，慑服了晋军，不战而获盟主地位。战国时期"七雄争霸""联横合纵"的斗争，也充分体现了运用战略威慑的作用。秦国运用连横破纵的方式兼并六国，称雄华夏。

在欧洲国家，战略威慑遏制战争的事例也有很多。联邦德国前总理施密特在《西方的战略》一书中提出：威慑这一原则根本不是20世纪的发明，希腊人和罗马人早已懂得，用灾难超过可能达到的好处的恐吓，使潜在的进攻者慑服。1870年普法战

---

① 杨旭华、蔡仁照：《威慑论》，国防大学出版社1990年版，第12页。

争时期，普鲁士首相俾斯麦巧妙地运用威慑的力量，迫使奥地利相信，如果奥地利介入战争，站到法国一边，俄国就会倒向普鲁士。因此，奥地利的决策者未敢冒险卷入一场欧洲列强的大战。1869年，英国曾以威慑手段阻止了法国对其他国家的干预，迫使拿破仑放弃了在比利时的"铁路计划"。英国在1878年的俄土战争中，也是运用战略威慑方式迫使俄国人让步，从而提前结束了战争。

追溯历史，我们可以看到，威慑是伴随着人类的军事斗争而产生的，有斗争就有威慑，有战争就有威慑。战略威慑是在阶级、国家和民族之间显示力量，是用于达成某种目的的一种斗争形式，也是解决国家、民族和阶级之间利益冲突的一种重要手段。通过战争而获得的胜利，并不是理想的结果，不战而使敌人屈服才是完胜。

（二）核威慑战略的形成与发展

战略威慑作为人类一种有意识的行为，几乎与文明史一样悠久。然而，作为一种系统的战略理论和军事手段，却是随着核武器的产生和发展而形成并不断完善的。这就正如美国军事专家约翰·柯林斯在《大战略》一书中所说："自有战争以来就有威慑这个概念，但它成为现代国家的大战略的一个突出的组成部分，却是在全面核战争的含义为大家所了解之后。"随着核武器的出现，有核国家也随之形成了相应的核威慑战略。

1. 美英法的核威慑战略。

自从第二次世界大战中美军在日本广岛投下第一颗原子弹以来，核武器的巨大杀伤作用对西方战略威慑的运用产生了深远影响。1946年，美国耶鲁大学国际问题研究所的伯纳德·布罗迪出版了《绝对武器：原子弹与世纪秩序》一书，对原子弹的威慑作用进行了系统研究。此后，大量的关于核威慑的论述不断问世，核威慑思想成为美国等国家安全战略的重要组成部分。美国学者普遍认为，拥有强大的核力量能释放一种心理信号，让潜在进攻者确信，改变现状的收益远比安于现状的收益要小得多，以此慑止潜在入侵者的贸然行动，维护威慑方的有利状态。

率先掌握核武器的美国推出了针对苏联的以威慑为主要内容的"遏制战略"。20世纪50年代，美国又推行了"大规模报复战略"，企图以强大的核优势为后盾，以大规模核袭击相威胁来遏制对手。但由于它无限地夸大了核威慑的效力，在实际执行过程中无法发挥作用。特别是当苏联与美国达成核均势时，核威慑的作用就发生了改变。美国调整了其核威慑战略，相继提出了"相互确保摧毁战略""现实威慑战略""抵消战略"等，强调以足够的核力量确保威慑的可靠性和选择的灵活性。

英国和法国是世界上拥有核实战能力的中等核国家。两国根据各自的战略目的、国力水平和战略地理环境的特点，逐步建立各自的核战略。

英国奉行的是"最低限度核威慑战略"。英国认为，要保持和提高英国在欧洲，乃至在世界政治舞台上的地位，必须发展自己的核力量。只要具有最低限度的核威慑，任何国家都会害怕报复而不敢进攻英国。在这种思想指导下，英国建立并保持一支一定规模的、有效的核攻击力量。英国的"最低限度核威慑"战略的基本思想是，由于核武器具有空前的毁灭能力，任何国家都不愿冒承受最低规模的战略核突击的风险，只要拥有少量的核武器，就足以对敌方构成有效威慑。国家核战略的中心任务不是打赢，而是慑止核战争。如敌人对英国发起大规模进攻，危及其国家安全，英国将毫不犹豫地使用战略核武器进行报复性打击。

法国奉行"有限核威慑"战略。即不谋求与对手在核力量对比上的平衡，而是建立和保持一支规模有限但有效的核力量，起到威慑对手、遏制战争的作用。几十年来，法国不断完善其核战略的威慑与实战能力，坚持以本国核力量为基础的独立防务，公开宣称威慑是"以弱对强"和避免冲突的唯一出路，宣布法国绝不能保证"不首先使用核武器",强调法国实行核威慑战略时并不忽视实战准备,认为实战准备不仅可以提高威慑的可靠性,而且一旦威慑失败,还是应付危机局面的重要手段。法国政府坚持了独立发展核力量的方针,建立了一支具有实战能力的战略核力量和战术核力量。

冷战期间,东西两大阵营的核威慑态势是高强度的核恐怖威慑,以"大规模报复"任何来袭和"相互确保摧毁"双方军民目标为抵押,保证双方不敢轻易动手。在紧张军事对峙中,美以强大的核武器库来遏制全面战争爆发,为此研发数十种、数万枚核弹头。

冷战结束后,美国开始调整核战略并开始削减核武库,但核威慑并没有退出历史的舞台。美国《核态势评估》指出:美国必须坚持核威慑战略。为实现国家安全目标,对本土和盟国及友好国家的挑衅实施威慑,美国需要"投入资金,以加强威慑力量"。同时,也对威慑战略进行了大幅度调整:从冷战期间的以核威慑为主转变为核威慑与常规威慑相结合,以常规威慑为主;在保留"洲际弹道导弹、潜射导弹和远程轰炸机"三位一体战略核力量的同时,大幅度降低核威慑的强度,但同时增加了核威慑的对象,不仅包括有核国家,也包括有可能在战争中对美国使用生、化武器的敌对国家;提高反导防御能力,发展"战区导弹防御系统"(TMD)和"国家导弹防御系统"(NMD),构筑攻防兼备的战备威慑力量体系。

2. 苏俄核威慑战略。

苏联把战略核力量看成是实施威慑的基本因素,认为威慑就是直接运用军事能力,能实战并能打赢核战争才是可靠的威慑力量。

冷战时期,苏联奉行准备全面打赢核战争的"火箭核战略",认为在核战争中,将主要使用火箭核武器;战略火箭军是整个军队中起决定作用的军种,将完成主要的战略核突袭任务;

主要的作战方法是实施先发制人的密集的火箭核突击；核战争将是一场速决战，也要做好持久战的准备。基于这些认识，苏联把保持核武器的数量和质量及其使用方法的优势作为核力量建设最重要的任务，并作为军队发展和建设的方向。苏联在核力量实现了与美国的核均势之后，把战略核力量看成是实施威慑的基本因素。

苏联解体之后，俄罗斯出于经济等原因，大幅削减了核武器的数量，但俄罗斯对核武器的依赖更加突出了。俄罗斯把核武器视为国家防御和安全的主要依靠。它的军事强国地位完全依赖其核武器库。1993年，俄罗斯抛弃了不首先使用核武器的誓言并不断强调将在必要的时候首先使用核武器。

1995年，俄罗斯提出了"现实遏制"军事战略，1996年6月调整为"核遏制战略"，强调核力量是俄罗斯赖以保持大国地位的最现实的战斗力。

普京执政后，俄罗斯社会政治趋于稳定，经济形势逐步好转。为了实现"复兴俄罗斯"，维护俄罗斯在世界上的大国地位这一国家战略目标，俄罗斯对其军事战略进行了较大幅度的调整。新版《俄联邦军事学说》进一步明确了以核威慑为基本手段，制定遏制、防止战争的核战略方针。按照俄罗斯制定的新核战略方针，核武器是防止和遏止战争的最有效手段，不仅要遏止核战争，而且要遏止大规模战争，维护国家安全、稳定和统一。

3. 中国核威慑战略。

中国的政治制度决定了中国核战略的自卫性和防御性。中国是在帝国主义的核讹诈和核威胁下，做出发展核武器决策的，中国发展核武器是为了打破超级大国的核垄断、反对核讹诈，为了保卫中国人民免受核战争的威胁。中国政府一再声明：在任何时候、任何情况下，都不首先使用核武器，并建议拥有核武器的国家和可能拥有核武器的国家承担义务，保证不使用核武器，不对无核国家、无核地区使用核武器，彼此也不使用核武器。中国签署并遵守有关条约，不向国外扩散核武器，不在外国部署核武器，始终主张全面禁止和彻底销毁核武器。

新中国作为社会主义阵营的重要一员，是美国等西方国家"遏制"的对象之一。在抗美援朝战争期间和两次金门马祖危机中，美国先后多次对中国发出使用原子弹的威胁。正是帝国主义多次向中国挥舞"核大棒"，威胁和讹诈中国，中国领导人下决心发展原子弹。1955年1月，在由毛泽东同志主持召开的中共中央书记处扩大会议上，中共中央果断做出发展原子能事业、研制原子弹的决定。1956年，中国启动地地导弹的研制工作。1956年4月，毛泽东同志在中央政治局扩大会议上所做的《论十大关系》报告中，明确提出中国"不但要有更多的飞机和大炮，而且还要有原子弹"①。

1962年11月，经毛泽东同志批准，成立了以周恩来同志为主任的中共中央专门委员会，专门负责原子能工业和原子弹研制工作，以更好地协调相关部门和机构，最大限度地集中全国人力、物力和财力。经过不懈努力，1964年10月16日，中国成功爆炸第一颗原子弹，一举打破西方和苏联的核封锁、核垄断。中国发展核武器的目的是迫使对方不敢轻易对中国威胁使用核武器。所以，打破核垄断、反对核讹诈而发展核武器是中国核战略思想的重要内容。

在成功爆炸第一颗原子弹后，中国政府立即发出倡议，建议世界各有核武器国家应达成倡议，"不对无核武器国家使用核武器，不对无核武器地区使用核武器，彼此也不使用核武器。"②"中国在任何时候、任何情况下，都不会首先使用核武器。"③ 以后，中国又多次重申并一直坚持这一立场。中国政府提出"不对

---

① 中央文献研究室、军事科学院编：《建国以来毛泽东军事文稿》（中卷），军事科学出版社2010年版，第308页。
②③ 《加强国防力量的重大成就　保卫世界和平的重大贡献　我国第一颗原子弹爆炸成功》，载于《人民日报》1964年10月17日第1版。

无核武器国家和地区使用核武器"的倡议，是基于核武器本质属性的理性选择，反映了毛泽东同志等中国领导人对核武器的本质以及核武器作用具有深刻、准确的认识和把握。

20世纪70年代，美苏两个超级大国之间的核军备竞赛愈演愈烈，双方战略核弹头数量急剧增加，性能不断提升。在这样的国际背景下，中国的核力量应该如何发展？1975年3月，刚刚复出主持工作的邓小平同志在接见圭亚那总理林登·伯纳姆时，明确提出："我们也搞点核武器……我们搞一点，理由是，你有，我也有一点。只有这么一个作用"①。他还指出，核武器"我有了就可以起作用。"② 这些论述，是对毛泽东同志"发展核武器，打破核讹诈"思想的继承和发展。核武器只要"我有"就可以发挥作用。对于这个问题，邓小平同志深刻指出："如果60年代以来中国没有原子弹、氢弹，没有发射卫星，中国就不能叫有重要影响的大国，就没有现在这样的国际地位。"③

冷战结束后，为适应国际战略格局的变化，党和国家领导人对中国核问题进行了新的思考和探索。进一步丰富和发展了中国核战略思想。主要内容有：

其一，发展核武器是"积极防御"。我们发展战略核武器，不是为了进攻，而是为了防御，是积极的防御。我们有了这种力量后，对具有核武器的国家是一种很大的威慑，使得他们不敢随便乱动。

其二，中国的核武器只是为了"遏制他国对中国可能的核打击。"《2000年中国的国防》白皮书提出，"中国保持精干有效的核反击力量，是为了遏制他国对中国可能的核攻击，任何此种行

---

① 中央文献研究室、军事科学院编：《邓小平军事文集》第3卷，军事科学出版社2004年版，第15页。

② 中央文献研究室编：《邓小平年谱：（一九七五——一九九七）》（上），中央文献出版社2004年版，第351页。

③ 《邓小平文选》第3卷，人民出版社1994年版，第279页。

为都将导致中国的报复性核反击。"2006年国防白皮书增加了遏制他国对中国"威胁使用核武器"的内容，并明确提出要"保持核力量的战略威慑作用"。

其三，核力量是国家战略威慑的"核心力量"。当今世界，通过战略威慑遏制战争，或延缓战争爆发，或制止战争升级，避免或减少战争破坏，越来越受到国际社会重视。战略威慑已经成为国际军事斗争的重要内容。中国的核力量是中国战略威慑的"核心力量"[①]，适应了新的历史条件下维护国家安全和发展利益的新要求。

（三）战略威慑理论的新进展

随着科学技术的发展以及国际战略格局的改变，战略威慑的理论也不断发展。其中，比较典型的有五环目标论、震慑理论和全谱威慑论等。

1. 五环目标论。

五环目标论是把敌方战争机构看成是一个由五环组成的系统，以打击系统"重心"（中心环）为主要目标的理论。"五环目标论"由美军退役空军上校约翰·沃顿提出并为美军事理论界广泛接受。其主要内容是：可把战争系统分为相互联系的五环。第一环或中心环是"指挥控制系统"，包括政治和军事决策层的首脑机构及战略 C^3I 系统；第二环为有机必需品环，在战略层是指电力、石油、粮食等物质和能源生产工业，在战役层是指弹药、油料和食品；第三环是"基础结构环"，主要包括交通设施、通信设施及军事保障设施等；第四环是"单体群环"，在战略层为一个国家的人口，在战役层为与作战有关的军事与非军事人员；第五环为"野战部队环"，自我保护能力最强，最难以消

[①] 李体林：《改革开放以来中国核战略理论的发展》，载于《中国军事科学》2008年第6期。

灭，在这一环上的战斗行动往往时间最长，伤亡最大，战争的重心就存在于上述五环之中。

在农业时代的战争中，攻击的首选目标是第五环，因为打败了敌国的军队即可令敌国投降。在工业时代的战争中，攻击的首选目标是第三环和第五环，两次世界大战就是明证。而在信息时代的信息化战争中，攻击的首选目标将是第一环，即直接攻击敌人决策系统，直接打击最要害的敌人重心；也只有在信息化战争中，才有条件、有能力打到敌人的战争重心并直接攻击。

五环目标论被美军及其盟军广泛采用，不仅成为其在战略层面确定作战目标和进行战略威慑的方法，也是其在战区和战役层面确定作战目标的基本方法。从海湾战争、科索沃战争到阿富汗战争、伊拉克战争，美军都运用了"五环法"来确定打击目标，并进行战略威慑。如在科索沃战争中，空战分为五个阶段，第一阶段首先选择的目标是南联盟指挥机构和防空系统；第二阶段则首先打击科索沃境内的军事目标和南斯拉夫军队。而各个阶段的打击，都始终围绕迫使南联盟领导人屈服这个重心进行。

2. 震慑理论。

在五环目标论基础上，美军进一步发展了以"震慑"为核心的新威慑理论。震慑，即利用各种手段造成足够强大的胁迫和强制力量，从而使对手慑于巨大的压力，而丧失其继续抵抗的意志。

美国军事理论家哈伦·K·厄尔曼为首的研究小组在《震慑：获得快速主宰》研究报告中明确提出，"快速主宰"的根本在于施加足够的"震慑"，影响敌人的意志、判断和理解力，从而达成导致使用武力的冲突或危机的政治、战略和作战目标。

通过"震慑"影响敌人的意志、判断和理解力，从而达成"快速主宰"的手段是多方面的。厄尔曼等人列举了达成"震慑"所使用的9种方式：（1）"压倒性兵力"。尽可能迅速地对敌人使用大规模或占压倒优势的兵力，以己方和非战斗人员最小

第八章 战略威慑：增强遏制战争、捍卫和平能力

的伤亡和损失，达到解除敌人武装、使敌人失去战斗力或在军事上无力抵抗的目的。（2）"打击社会财富"。运用大规模毁灭性武器或非核系统等打击社会及其财富，对整个社会，包括领导层和公众产生影响，在数小时或数天内即刻或迅速击败对手的意志。（3）大规模轰炸。使用大规模轰炸或相对精确轰炸打击军事目标和相关部门，使敌人最终因衰竭而崩溃。（4）"闪击战"。利用严格针对任务的、足够实施外科手段式打击的精确力量取得震慑效果。（5）"斩首行动"。对军事或社会目标进行有选择的、迅速的斩首行动。其目的是通过打击和伤害少数人，使多数人相信抵抗是徒劳无益的。即通过有选择地、绝对残忍而无情地快速使用恫吓力量达到"震慑"，并进而迫使敌人屈服或投降。（6）欺骗。通过欺骗、误导及散布假情报达成"震慑"。（7）"古罗马军团"。历史上，罗马军团因人们认为其战无不胜而统治从大西洋到红海的广大帝国，这也是震慑的方式之一。使敌人相信自己脆弱不堪而对手战无不胜，并从敌人的这种判断中获得慑止并战胜敌人的能力，达到"震慑"目的。（8）"衰败与认输"。在很长一段时间内迫使敌社会衰败，但不采用大规模破坏的手段。这种"震慑"机制包括采取一些长期政策，如经济禁运、骚扰并恶化敌方的环境以及其他惩罚行为。（9）使用"防区外能力"。如隐形轰炸机、远程巡航导弹达成"震慑"目的。可能的打击目标有：国家或群体的军队、平民、工业、基础设施及社会的组成部分，在某些情况下是达成"震慑"的关键因素。但也有另外一些情况，"震慑"的效果必须通过累积达成。使用武力、了解敌方弱点及巧妙实施军事行动的才智与能力水平，是达成"震慑"的关键因素。

3. 全谱威慑。

全谱威慑是美国布什政府所执行的一种多层面的威慑方式。这种方式要求美国拥有更强大的部队与能力，以提供更多军事选择方案，挫败侵略或任何形式的胁迫行为。全谱威慑更加突出对

付地区冲突和小规模应急作战的威慑，并使其向着全方位、全时空和多功能的方向发展，大大拓展了威慑对象、时间和层次的外延。

布什执政后，国际安全形势和"9·11"事件的发生，都使美国认识到其所面临的威胁泛化和不确定性程度日益加剧。基于此种判断，美国进行了冷战后最深刻的军事战略调整：威慑作为美国军事战略的一个重要环节，也随着美国军事战略的调整而被赋予新的内容。随着威慑力量的发展和打击手段多样化程度的提高，布什政府提出"全谱威慑"，力图使其威慑战略具有"全方位威慑能力"，力争做到对各种潜在威胁和作战模式及对象都具有威慑和遏制作用。

布什政府认为美国未来作战的地点、战场和对手都是不确定的，如要慑止来自各方面的威胁，就必须拥有战胜任何敌人的军事能力。这就需要美国在进行国防建设时，以"基于能力"为依据发展美军慑止和战胜敌人所需具备的能力，更加重视敌人如何作战，而不强调与谁在何处进行作战。在这种能力要求下，美国陆、海、空三军紧锣密鼓进行部队转型，以超常标准发展军事能力，谋求以信息和太空能力为主要高技术支撑点的"全谱军事优势"，以更好地慑止诸如突然袭击、欺骗和不对称挑战构成的威胁，以实现对各类敌人、各种威胁的全频谱威慑效果。美国在新版核战略中也按照"基于能力"的要求提出了新"三位一体"的威慑力量构成，指出美国的威慑力量将不仅仅是核武器的集合，而是包含常规武器在内的"复合型威慑力量"。

国际关系和全球安全环境的变化，加之军事技术的扩散，使美国在实施全谱威慑时，仍面临诸多难以解决的问题。一是威胁的泛化和不确定性造成威慑重点不突出。美国潜在的敌人和威胁类型具有极大的不确定性，给威慑战略的应用带来了具体的实施困难。由于威胁的泛化和不确定性，在进行威慑时既不能针对所有侵犯美国利益的威胁发出警告，也不能集中力量对付某一特定

第八章 战略威慑：增强遏制战争、捍卫和平能力

的威胁。这就造成美国在进行威慑时，其使用军事实力的决心分散，传递给敌方的信号不突出、意志力减弱，从而影响对其威慑对象的遏制效应，制约威慑效果的发挥。二是"非国家行为体威胁"对美国威慑战略形成掣肘。在美国当前所面临的诸多威胁中，"非国家行为体"所造成的威胁在"9·11"事件后凸显出来，在美国威胁频谱中排序大为提前。由于其特有的性质和存在方式，给美国实施威慑形成掣肘。这是因为：其一，"非国家行为体"不具备自己的国土、常备军或其他国家特征，多寄生于一国或多国内部，具有较强的跨国性和流动性。美国若对之进行威慑，一则无从下手，难以找到合适的报复打击目标，二则势必将其寄生的母国牵扯其中，致使威慑关系复杂化、间接化，因而难以有效完成威慑；其二，"非国家行为体"多为位于偏远或地理条件恶劣地区的恐怖主义组织或流亡组织。美军高技术装备在这些地区受气象、地理条件影响巨大，难以发挥有效威力，这在一定程度上也动摇了美国实施威慑战略的实力基础。

随着这些威慑理论的出现，战争实践中的战略威慑运用也越来越广泛。

二、战略威慑的有效实施

随着时代的发展，世界上许多国家和地区相继确立了自己的威慑战略，战略威慑日益成为军事斗争的重要手段。威慑作为一种理论、一种思想和一门学问，应该从战争讹诈、武力恫吓、强权政治和超级大国的"专利"中分解出来，进行多方面、全视角的探讨。把握好战略威慑遏制战争的功能，就要认清威慑的主要特点、使用条件和方法手段等问题，从基本理论的研究中探索发挥战略威慑作用的有效途径。

（一）战略威慑的显著特点

威慑的目的是促成局势稳定，即促使敌对双方在面临战争的可能性时谨慎从事。战略威慑的实质，就是凭借强大的力量和巧妙的斗争艺术慑止对方，达到不战而使敌人屈服的目的。战略威慑具有以下显著特点：

1. 对抗的博弈性。

战略威慑的目的不是战争，而是通过使用各种威胁手段阻止敌方的危险行为，使敌方相信，如果这样做就加以惩罚，其风险与代价超过这类行为获得的任何收益，从而避免战争的爆发或升级。进行战略威慑要有动武的决心，尤其要使对方相信从而有所顾虑；而且被威慑方的决策者应该是理性的，能够意识到使用武力的严重后果并做出理性的判断和决策。不论是威慑方还是被威慑方，都将从自身利益出发进行顽强对抗。因此，在战略威慑过程中，始终充满着激烈的博弈，是威慑方与被威慑方之间展开全方位的激烈较量。在这种激烈的博弈中，需要双方进行正确的判断、把握理性尺度。战略威慑的强度并不是无限的，而应当是有限的，必须根据威慑双方情况的变化而变化。威慑强度超过了必要的限度，就会带来极大的风险。如果不能有效控制这种竞争，威慑就会升级，甚至出现"零和博弈"，导致战争，而丧失战略威慑原本的"以慑止战"的功能。

2. 造势的谋略性。

从总体上看，威慑必须以实力为后盾，通常采取威胁使用军事力量而慑止敌方行动，但同时也需要高超的谋略，巧妙地造势布势，千方百计制造错觉、使敌就范，以最小的代价获得最大的威慑效果。对于军事强势一方，往往是综合选择各种威慑手段达成战略目的，使用何种威慑手段，如何使用威慑手段，在何时使用威慑手段，都具有很强的谋略性。而对于弱势一方，则更需要通过施计用谋、隐真示假，灵活筹划等方法，才能达成以劣慑

第八章 战略威慑:增强遏制战争、捍卫和平能力

优、以弱慑强的目的。所以,战略威慑也是谋略的对抗。威慑与反威慑是敌对双方斗智斗谋艺术的集中表现。尤其是在敌强己弱的情况下,要想慑止对方的行为,就必须在谋略上计高一筹。

3. 作用的双重性。

战略威慑过程是威慑方与被威慑方互为作用的矛盾过程。在一方对另一方进行威慑时,必然遭遇对方的反制。于是威慑与被威慑这对矛盾随着环境条件的变化,也将出现变幻莫测的趋势。其发展变化的方向可能是双方作用的不断转变,从威慑到反威慑、由威慑到实战转化。所以,战略威慑可能达到预期目的,也可能适得其反。

4. 效果的有限性。

战略威慑是存在于威慑与被威慑之间的一种交互行为,相同的威慑力量,针对不同的威慑对象,其效果往往不同。而且,由于受到种种因素的制约,战略威慑并不一定能全部发挥作用,只能在一定条件下实现有限的效果。通过战略威慑,能慑止敌方的某些危险行动,但难以从根本上化解敌我双方固有的矛盾与冲突。而且,这种威慑可能带有一定的时限性或制约的条件性,一旦条件改变,被压制的矛盾与问题往往也可能卷土重来。

(二) 实施有效战略威慑的基本条件

亨利·基辛格在《选择的必要》一书中写道:"威慑要求把力量、使用力量的意志及潜在侵犯者对两者的估计结合为一体……如果其中任何一项等于零,威慑必然失败。"[①] 这段话精辟地概括出战略威慑的三个基本条件:力量、决心和认知,缺一不可,否则威慑就要失灵。

---

① Henry Kissinger, The Necessity for Choice, Garden City, New York: Doubleday, 1962, P. 12.

1. 力量。

战略威慑应具备强大的力量支撑。力量是实施有效战略威慑的基础。威慑不排除运用虚张声势的做法，但这种做法在威慑运用中毕竟是有限的、暂时的，归根结底，战略威慑必须以扎扎实实的实战准备作后盾，使对方意识到没有胜利的把握，或者这样做损失严重以至于得不偿失，从而增强威慑的可信度。

当今时代的战场，已经很难出现当年诸葛亮大摆"空城计"的威慑效应，也很难出现"死诸葛吓走生仲达"吓退司马懿大军的威慑战例，军事实力在决定战争胜负中发挥着重要作用。脱离军事实力，威慑就难以独立发挥作用。

2. 决心。

使用威慑力量的决心是威慑力量得以发挥作用的前提。实力不论多大，如果没有诉诸武力的决心，也无济于事。因此，在战略威慑中，即使具有某种实力，但缺乏敢于使用这种实力的决心和意志，那就只不过是色厉内荏的恫吓，难以起到真正的威慑作用。在军事斗争中，威慑力量与敢于使用威慑力量的决心，是实现威慑的双翼，缺一不可。强大的威慑力量可以坚定威慑决策者的意志，敢于使用实力的意志又使威慑实力升值，这两者的相互作用增强了威慑的可信度和有效性。

3. 认知。

从本质上看，威慑的效果取决于被威慑者的心理反应，而这个心理反应过程是建立在一定认知基础上的。这里的认知当然包含两方面的内容：对威慑者力量的认知、对威慑决心的认知。因此，通过各种信息渠道把威慑信息传输给对方，使潜在的对手认识到并确信上述两条，是产生威慑作用的必要条件。因此，要充分发挥威慑的应有效力，必须建立相应的信息传递机制和管道，将己方使用军事力量的决心及时传递给对手，迫使对手放弃挑衅性行动，而且应及时搜集和反馈对手的反应，适时调整威慑的力量、进程和强度。

第八章　战略威慑：增强遏制战争、捍卫和平能力

传递决心的方式多种多样。实兵军演是展示力量最直接的方式，渲染武器装备的先进性、破坏性等也能在一定程度上达到展示力量的目的。调整部署、造成大兵压境的态势，不仅能够展示力量，还能展示决心。当然，展示决心的过程不仅通过军事行动来表达，还应与舆论战、心理战等手段相配合，与政治、外交、经济手段相协调。

战略威慑的运用具有自身的特点和规律，在具体实施中要把握以下几个问题：一是威慑是否成功，有着特殊的衡量标准。这就是，对方的战略决心和行动企图受到影响的程度，它与实战的价值标准是有很大区别的。二是威慑既可以是进攻性的，也可以是防御性的。通过威慑手段使对方放弃进攻企图，从而捍卫自己的利益不受侵犯，是防御性威慑；通过威慑使对方放弃抵抗决心，从而夺取既定的目标，则是进攻性威慑。三是力量虽然是威慑的基础，但并不意味着力量弱的一方就不能实施威慑。力量弱小的一方，通过精心策划，巧妙运筹，把自己有限的力量和手段集中指向对方某一要害之处，也能达到一定的威慑效果，这就是所谓有限威慑的运用。四是威慑要与实战相结合，才能发挥应有的作用。威慑要以实战能力为基础，实战能力越强，威慑的作用就越大。有时则需要以一定程度或小规模的实战行动来强化威慑，实战打击的效果越好，威慑的作用就越大。

（三）实施战略威慑的主要方式

随着科学技术不断发展，战略威慑的手段也不断更新变化。现代战略威慑的手段主要有：核生化威慑、常规威慑、太空威慑、信息威慑等。

1. 核生化威慑。

核生化威慑也称大规模杀伤性威慑。主要包括以下几个方面：

第一，核威慑。由于核武器超常的毁伤力，一旦使用，将造成战争双方都无法承受的大规模毁伤，核武器曾被称为"绝对武

器",能够产生任何其他武器所没有的巨大威慑作用。因此,通过威胁使用核武器或必要时实施核反击来震慑和遏制对手就成为战略威慑的重要手段。核威慑的实质,是把使用核武器或实施核反击的可能性以及采取此种行动可能引起的严重后果预先警告对手,使对手通过利弊得失的权衡而产生畏惧心理,被迫服从威慑者的意志或放弃原先的企图,从而使威慑者达到一定的政治目的。核威慑是达到一定政治目的的手段。由于政治目的不同,核威慑也具有不同的性质。有霸权主义的进攻性核威慑,也有正义的自卫性的防御性核威慑。第二次世界大战以后,超级大国长期推行以核武器为实力的威慑战略,为其霸权主义服务。它们一方面把核武器作为恫吓、欺压中小国家的"大棒",对中小国家进行核威胁和核讹诈,推行强权政治;另一方面又把核力量作为抗衡、遏制其争霸对手的实力后盾,形成相互威慑的战略态势。中国作为一个有核武器的国家,其有限的核力量同样具有威慑的功能。中国的核威慑是在核威胁的形势下被迫进行的自卫手段,对于制止核战争的爆发,维护国家安全和世界和平具有重要作用。随着世界形势的发展变化和拥有核武器国家的增多,核威慑的地位作用不断提高。当然,核武器的巨大杀伤破坏威力使其在使用上也受到一些抑制。因此,核威慑的运用也在不断发展变化中。

第二,核武器之外的大规模杀伤性武器,主要指传统意义上的化学武器和生物武器,以及一些正在研制中的基因武器、气象武器等,尽管联合国有明确的限制公约,但并没有阻止某些国家研发的脚步。

2. 常规威慑。

常规威慑是以常规军事力量所进行的战略威慑。常规威慑力量涉及的范围很广,其中最具有战略威慑作用的主要是远程精确打击武器系统。随着信息技术的发展及其在军事领域的广泛应用,以常规导弹为骨干的远程精确打击武器,运用越来越广泛,作用越来越突出。常规精确导弹射程远、精度高、风险小,与核

第八章 战略威慑：增强遏制战争、捍卫和平能力

武器相比，虽杀伤威力远远不及，但威慑的可信度很高。所以，世界各主要国家都在加快发展各种具有远程精确打击能力的常规导弹武器，着力提高侦察预警能力、指挥控制能力、精确打击能力和各种特种作战能力。

20世纪90年代以来兴起的威慑层次理论，将原来单一的核威慑力量扩大为由全球核威慑力量、战区常规威慑力量和信息战威慑力量三部分组成的威慑力量体系。其中，常规威慑力量作为一种介于"硬"的核威慑力量和"软"的信息战威慑力量之间的中介性威慑力量，兼有威慑与打击双重效能，因而倍受军事强国关注。威慑力量的非核化（亦称常规化），是20世纪90年代威慑理论研究的热点。一是由于精确制导武器技术的发展，某些过去只能用核武器才能完成的战略、战区（役）作战任务，完全有可能用非核化武器去完成。二是在未来战争中，威慑力量应具有遏制和精确打击双重能力。现有的核威慑力量只能起遏制作用，不能在遏制失效时立刻转化为精确打击力量。三是在未来战争中，射程大于500千米、运载400千克常规弹头、圆概率偏差（CEP）为1~3米、防区外发射的远程武器既可以起到某种遏制作用，又可以在遏制失效时对敌方高价值目标适时进行有效的精确打击，是实现战略威慑力量非核化的一条有效技术途径。四是远程巡航导弹是实现威慑力量非核化的主要方案。美国在20世纪80年代末提出以远程常规巡航导弹（LRCCM）作为非核战略武器，后来决定将"战斧"Block4巡航导弹作为具体开发方案；法国在1994年选择马特拉公司的远程精确打击武器（APTGD），作为计划于2001年装备的非核战略武器；俄罗斯则把1992年着手研制的Kh-101远程巡航导弹作为未来的主要常规威慑力量。五是远程常规巡航导弹之所以被优先选为非核战略武器的研制方案，最主要的原因是由于在现有战略核武器中，只有它的命中精度具有在短期内实现精确打击所必需的CEP为1~3米的水平。

3. 信息威慑。

信息威慑是以信息武器为后盾，通过威胁使用信息武器或必要时实施信息进攻来震慑和遏制对手。信息威慑的实质，是把使用信息武器或实施信息进攻的可能性以及采取此种行动可能引起的严重后果预先警告对手，使对手通过利弊得失的权衡而产生畏惧心理，被迫服从威慑者的意志或放弃原先的企图，从而使威慑者达到一定的政治目的。

随着以计算机技术为核心的信息技术迅猛发展，社会信息化进程不断加快。信息技术广泛应用于国家电力、通信、金融、交通、工业、医疗等几乎每一个社会领域，国家日常生活对信息基础设施、信息网络等的依赖程度越来越高，国家信息系统的存亡直接关系着社会的稳定、人们日常生活秩序的正常乃至整个国家安危。另一方面，军事科技的发展促使一些能够对国家信息系统造成大规模破坏的作战手段产生，如网络病毒攻击、"黑客"入侵等。随着技术的发展，网络攻击已逐渐从实验室走向战场。信息进攻不仅能从军事上，而且能从政治上、经济上直接或间接地削弱一个国家具有的战争潜力、国防力量，严重影响国家的经济、社会秩序和广大民众的切身利益，对国家的安全构成严重威胁。

在相互对立的双方，如果一方在信息战方面具有强大的能力和巨大的优势，则可能形成一种强大的威慑，在一定程度慑服对方。为了对抗信息优势国家的信息威慑，任何一个主权国家，都必须发展自己的信息防护手段，提高自身的信息防御能力，以遏制抵御敌对国家的信息入侵，维护重要信息系统的安全乃至国家安全。

俄罗斯的政府官员已经宣布，他们将把信息攻击看作是大规模杀伤性武器攻击。其用意非常明显：对俄罗斯进行的信息攻击将导致俄罗斯以其认为是同样手段的武器进行报复。美国空军特别调查处则认为，对信息攻击与大规模杀伤性武器应"平等看待"。美军认为，对可能的入侵者传达这样的信息是非常关键的，即信息攻击是一个极其严肃的致命问题。

信息攻击，是战争领域的又一个充满诱惑的魔盒；信息威慑是继核威慑之后，产生的一种新的威慑手段。它的出现，将对战争理论和战争实践都将产生重大影响。

4. 太空威慑。

太空威慑以太空军事力量为手段。它是随着空间技术的发展及其在军事领域的广泛应用而产生的。是继核威慑之后出现的又一威慑形式。

从1957年10月第一颗人造地球卫星发射成功迄今，世界各国发射的数百颗卫星中，有2/3直接或间接用于军事目的。空间技术的发展，为太空威慑力量的建设奠定了强大的物质基础。1983年美国里根政府提出"战略防御计划（SDI）"，是美系统的太空威慑战略形成的基础。进入20世纪90年代，克林顿政府的"国家导弹防御计划（NMD）"和"战区导弹防御计划"（TMD），标志着美国太空威慑战略开始进入实际运作阶段。这些防御计划和防御手段，实质上带有很强的进攻性、威慑性。1999年7月，美国国防部颁发的"国防部航天政策"，明确地提出了"空间威慑作用"的理论，表明其太空威慑观正日趋完善。苏联早在美国"星球大战"计划提出之前就在研制开发空间防御与进攻武器系统。1959年，苏联就开始着手建立战略火箭军，到苏联解体时这支部队已发展到几万人的规模。2001年，俄罗斯对其进行彻底重组，建成一支具有强大威慑力的航天兵。在俄罗斯提出的"现实遏制"军事战略中，除重新举起核盾牌外，其重要内容就是强调发挥航天力量的有效威慑作用。俄罗斯航天力量的改组和调整以及随后出台的一系列倾斜政策，表现出其将通过强化和完善航天力量的作战能力，通过增强实战能力实现威慑的目的，回击美国的NMT计划，以此来确保国家安全和全球稳定。由此可见，太空军事系统及其在军事上的应用，不仅使军事对抗进入外层空间，也使一种以空间军事力量为后盾的新的战略威慑形式——太空威慑随之产生。

太空威慑的特点：（1）全方位性。太空威慑的范围和效力可辐射到地球上几乎每一个角落。同时，这种威慑还包括对敌国在外层空间部署军事力量。空间威慑不仅具有全球性，还具有"全空间性"。（2）一体性。太空威慑以陆基、海基、空基和天基军事力量的一体化，军用与民用一体化，进攻与防御一体化的整体力量为基础。一体化程度越高，威慑能力越强。（3）灵活性。太空威慑具有攻与防、威慑与实战的灵活转换性。空间力量具有通过空间防御确保不受敌方进攻性武器打击，以保持对敌的打击、报复能力，既始终保持有效的威慑力。同时，一旦威慑失败，也可实施干扰、破坏和摧毁等有效攻击。（4）综合性。空间力量的建设，是国家政治、经济、科技、军事等实力的综合体现。只有不断提高国家经济实力和科技整体水平，才能为有效太空威慑战略创造良好的条件。

太空威慑作为国家军事力量运用的一种方式，服务于国家的安全和发展利益。必须从国家安全与发展的大战略角度，制定和运用太空威慑战略。

三、增强战略威慑能力

当前，人类社会又到了一个重要的转折关头，世界格局、社会形态和战争形态都在发生深刻的变革。中国正处在一个难得的发展战略机遇期，中华民族伟大复兴的曙光已在眼前。增强信息化条件下战略威慑能力，对于遏制战争、维护和平，具有十分重要的作用。

（一）充实认识增强战略威慑能力的重要意义

战略威慑是国家使用军事手段配合政治、外交斗争达成即定

第八章 战略威慑：增强遏制战争、捍卫和平能力

政治目的的重要手段。与战争固有的政治属性一样，战略威慑也有很强的政治属性，具有正义性和非正义性两种不同类型。战略威慑既可用于侵略扩张、推行霸权，也可用于抵御侵略、维护和平。中国进行的战略威慑，是积极防御的一种手段，是建立在人民战争基础之上的正义威慑，是有限范围的适度威慑，目的在于捍卫国家利益、维护地区稳定与世界和平。新的历史条件下，加强威慑理论研究，有效运用战略威慑这一重要军事手段，对于维护国家安全、促进世界和平具有十分重要的意义。

1. 维护经济发展利益的需要。

改革开放以来，我国经济迅速腾飞，关键在于充分利用了难得的战略机遇期。未来一段时期，我国仍将面临经济发展可以大有作为的重要战略机遇期，但我国安全环境更趋复杂，安全问题的综合性、复杂性、多变性显著增强。机遇期并不安宁，可能面临多方面的战争威胁和安全挑战，这就需要我们增强战略威慑能力，有效遏制战争，化解危机，为经济发展提供良好的环境。

2. 维护国家统一的需要。

近年来，着眼于坚决应对"台独"分子肆意制造的分裂威胁，我军始终坚持军事斗争准备龙头地位不动摇、扭住核心军事能力建设不放松，灵活运用各种军事手段，有效遏制了"台独"势力分裂祖国的图谋，促进两岸关系和平发展。但是，我们仍需清醒地看到，当前和今后一段时间，"台独"分裂势力及其分裂活动仍然是两岸关系和平发展的最大威胁，我国的统一大业依然艰巨。必须发挥战略威慑的作用，坚决慑止"台独"企图，妥善处理台湾问题。

3. 维护国家安全的需要。

周边安全形势的错综复杂增大了我国安全环境的不确定性。东北方向，朝核问题复杂严峻，美韩军演频频，动作不断，可以说朝鲜半岛局势难料；东边，日本右翼势力膨胀，民粹主义抬头甚至军国主义复活，特别是安倍上台以来致力于打破日本和平宪

法和战后国际秩序、钓鱼岛国有化和参拜靖国神社等,导致东海问题愈演愈烈,中日摩擦与对立激化;南边,我国维护南海主权与权益的挑战日益复杂,某些国家采取引入区域外大国抗衡中国的做法,企图使南海问题国际化;美国战略东移、台前幕后策划指挥。坚决维护国家安全,与周边国家共同处理好包括领土、资源等在内的敏感事务,有效的战略威慑是解决矛盾的有效筹码。

4. 维护世界和平发展的需要。

当前,和平与发展仍是潮流世界。发展中国家尤其是新兴经济体在世界经济、政治和全球治理等领域的力量都在上升,维护世界和平的力量在上升。然而,霸权主义仍在发挥作用,潜在的矛盾和冲突仍大量存在,并随时都有可能激发并引发武装冲突和局部战争。为了打破霸权主义的威胁,在全世界树立中国维护和平的大国形象,必须拥有强大的战略威慑力量。

(二)把握有效运用战略威慑的指导原则

战略威慑的运用具有自身的特点和规律,在具体实施中要把握以下几个基本原则:

第一,合理确定威慑目标。威慑是为实现政治目的服务。目标过低,不能满足要求;目标过高,又会浪费资源,甚至适得其反。应根据政治目的的要求,综合分析国际国内战略环境、战略威慑能力和各种可能的风险,精心运筹,权衡利弊,确定适当的威慑目标,确保威慑的灵活性和有效性。

第二,准确把握威慑的对象和时机。当前及今后一个时期内,我国安全面临的威胁是多样的,对手是多元的,而且在一定条件下还是可变的,实施战略威慑必须准确把握对象和时机,绝对不能四面出击。应科学把握实施战略威慑的时机,如对手有挑衅意图时、发生危机事件时、对手调整部署进行临战准备时等。在运用中,要根据实际情况,灵活把握,尤其要注意区分不同对象,把握当时的政治、经济和周边环境等条件,力求在对手进行决策的过程中,特别是对手处于战略选择和战略试探之际,不失时机地展开威慑行动。

第三,灵活运用威慑手段和方式。不同的战略威慑方式有不同的特点,也有不同的运用方法和功效,可以单独使用,也可以结合运用,以形成不同层次和强度的威慑。因此,必须针对威胁对象的强弱、敌对势力的特点和己方斗争的目标等情况,灵活选择和运用,力求达到预期的威慑效果。一般说来,核威慑是针对拥有核武器的对象,不适用于无核国家(地区)。必要时,要力求将核威慑、常规威慑等多种威慑手段融为一个整体,把舆论宣传、军事准备、显示实力和军事打击等不同威慑方式有机结合起来,同时与政治、外交和经济等领域的斗争相互配合,使各种威慑手段和方式相得益彰,最大限度发挥效力。

第四,运用战略威慑是一种战略行为,必须从国家战略的高度,对各种战略威慑手段和威慑力量进行统一的指挥和协调,并及时对各种威慑力量的结构、功能、规模,以及各种威慑预案和运用成效、实施效果做出评估。

(三)探索增强战略威慑能力的方法手段

新的历史条件下,有效达成战略威慑的效果,必须着眼我国我军实际,加强威慑理论研究,积极探索战略威慑方法手段,不断增强威慑能力。

第一,提高核力量建设水平。当今世界,核威慑仍然是有效阻止外敌大规模入侵、维护国家安全的力量支柱与安全盾牌。对于发展中国家来说,核武器的使用通常被视为一种极端手段,它只服务于极端的目的,即只有当国家的生存受到严重威胁时才会出现,然而这并不能否认核武器作为国家重要军事力量在国家安全战略中的重要地位。作为一种战略性力量,核武器与生俱来的战略能量与作用依然受到各国的高度重视,尤其是在常规力量无法与对手相抗衡的条件下,核武器的战略威慑作用无疑成为一道有力防御底线。我国作为发展中大国,在周边地缘战略环境复杂严峻和国家安全受到强敌威胁情况下,必须高度重视核武器的战略作用,利用核威慑能力来保卫国家安全。一方面要构建立体的核力量体系,提高核武库的生存能力。由于我国坚持不首先使用核武器的和平与人道主义立场,导致核武库的生存能力处于被动地位,为此,必须根据国情、军情的需要,不断优化我军的陆、海、空基核力量的构成与比例,尤其是加强海基核力量建设水平,确保我军核武库在遭受第一次甚至多次打击后,依然能够保持足够的核反击或报复力量。另一方面要加强核武器的技术升级,提高核武器打击能力。借助现代信息作战系统,综合运用导航技术、隐形技术、精确打击技术等现代技术对核武器进行技术升级,提高远程精确打击的核反击能力。

第二,加强常规力量建设。军队常规力量历来具有威慑与实战的双重作用,在信息化局部战争日益发展的趋势下,其优势地位与作用更加突显,成为最常用、最有决定性的军事战略威慑力量。提高常规力量威慑能力,必须以信息化军队建设为目标,针对常规战略威慑的发展与需要,科学筹划我军军兵种及其武器装备系统的建设,既要加强各军兵种机械化信息化复合式发展的全面建设,又要强化太空力量和海军、空军、火箭军、战略支援部队等高技术兵种的重点建设;既要在武器装备的数量上保持优势,又要争取质量上的突破与发展,争取多研发克敌制胜的"撒手锏"武器,不断夯实我军常规力量的实力,牢牢把握局部战争中打得赢和慑得住的战略主动和优势。

第三,加强信息作战能力建设。随着信息技术的广泛应用,信息成为军队作战效能的倍增器和战斗力构成的基础性要素,信息威慑亦成为军队实施战略威慑新的重要范畴。目前,我军的信息战能力与强敌相比还有较大差距,必须提高我军信息战能力。一方面要加快信息技术的发展,积极寻求信息作战与"撒手锏"武器的高效运用,增强以"非对称作战"方式挫败或削弱敌方信息攻击能力,同时增强我军的信息防卫能力,将我军的局部信息优势不断地转化为整体信息优势。另一方面要积极营造有利于我军信息战略安全的舆论环境。通过电视、广播等传媒和网络系统,由权威可信的信息公布机构(如国防部新闻发言人制度等)在确保军事秘密的前提下,及时公布各类信息尤其是敏感性、焦点性信息,及时消除各种虚假、欺骗、反动性信息,维护信息资源的安全性和公信度,占据信息战有利地位。

第四,发挥人民战争的巨大威力。人民战争是我军实施积极防御军事战略以夺取战略胜利的一大法宝。在信息化战争中,由于战争物资消耗巨大,且涉及的相关领域、空间扩大,为人民战争提供了更大的作用空间和作战领域,并造成以强大持久的战争力量之威势而迫使敌人终止战争爆发或停战。中华人民共和国成立初期,我军在面临大规模外敌入侵时,坚持人民战争思想,全面做好打人民战争的准备,以"陷敌于人民战争之汪洋"之势有效威慑外敌入侵,创造了人民战争威慑的典型范例。新的历史条件下,我军必须继承和发展人民战争思想,充分发动全国人民和世界人民共同反对霸权主义和强权政治,形成全国甚至全世界人民强大有力的"止战"战略威慑之态势,促进全人类的和平发展与共同繁荣。

参 考 文 献

1. ［美］Edward A. Smith 著、王志成译：《复杂性、联网和基于效果的作战方法》，国防工业出版社 2010 年版。

2. 柴宇球：《转型中的军事教育与训练》，解放军出版社 2004 年版。

3. 陈舟：《面向未来的国家安全与国防》，国防大学出版社 2009 年版。

4. 戴清民：《战争新视点》，解放军出版社 2008 年版。

5. 邓晓宝：《强国之略》，解放军出版社 2014 年版。

6. 董子峰：《眺望后天的曙光》，长征出版社 2011 年版。

7. 冯寿淼、徐新照：《战略艺术》，军事谊文出版社 2009 年版。

8. 高连升：《战斗力论》，军事科学出版社 1992 年版。

9. 耿卫、马增军、李健：《网络空间战略威慑的实践与应用》，辽宁大学出版社 2011 年版。

10. 公炎冰：《军事教育训练概论》，军事科学出版社 2005 年版。

11. 郭树勇主编：《国家安全环境与大国兴衰》，时事出版社 2012 年版。

12. 国防大学科研部：《决胜未来》，国防大学出版社 2010 年版。

13. 韩卫锋：《论毛泽东战争指导思想》，解放军出版社 2014 年版。

14. 姜延玉：《跨世纪的辉煌——改革开放 30 年中国国防和军队建设》，党建读物出版社 2008 年版。

15. 蒋乾麟主编：《党的创新理论与实践》，国防大学出版社 2013 年版。

16. 解放军报编辑部编：《从古田再出发》，长征出版社 2014 年版。

17. 军事科学院军事战略研究部：《战略学》，军事科学出版社 2001 年版。

18. 寇铁：《军事训练指导艺术》，国防大学出版社 2001 年版。

19. 兰仲杰、杨金岭：《战斗力新论》，解放军出版社 2000 年版。

20. 李恩波、姜大云：《爱国主义与战斗精神培育导论》，蓝天出版社 2009 年版。

21. 李际均：《新版军事战略思维》，长征出版社 2012 年版。

22. 李璟：《战斗力解析》，国防大学出版社 2013 年版。

23. 李兴柱、张晖：《基于信息系统的体系作战能力建设 100 问》，国防大学出版社 2011 年版。

24. 李元奎、董孟怀：《新时期军事斗争准备与军校教育》，海潮出版社 2002 年版。

25. 刘分良、郎丹扬：《信息化战争研究》，解放军出版社 2008 年版。

26. 刘海泉：《中国现代化进程中的周边安全战略研究》，时事出版社 2014 年版。

27. 刘慧：《国家安全战略思考》，时事出版社 2012 年版。

28. 刘继贤：《邓小平军事思想教程》，军事科学出版社 2013 年版。

29. 刘志辉、刘志兵：《作风优良》，解放军出版社 2014 年版。

30. [美] 罗杰·巴尼特：《非对称战略》，军事谊文出版社2005年版。

31. 罗克祥、吴学臻：《当代中国国防和军队建设理论发展》，军事谊文出版社2007年版。

32. 倪修仁、马玉虎、田晓蔚：《弘扬优良传统　培育战斗精神》，解放军出版社2008年版。

33. 宁凌、张怀璧、于飞：《战略威慑》，军事谊文出版社2010年版。

34. 任连生：《基于信息系统的体系作战能力概论》，军事科学出版社2010年版。

35. 任天佑：《强军梦》，人民出版社2015年版。

36. 邵维正、李步前：《听党指挥》，解放军出版社2014年版。

37. 沈千红、王越霞：《集合在军旗下》，蓝天出版社2009年版。

38. 施雷主编：《强军之路——亲历中国重大改革与发展》，解放军出版社2009年版。

39. 孙科佳、韩笑：《能打胜仗》，解放军出版社2014年版。

40. 孙思敬：《胡锦涛国防和军队建设思想研究》，军事科学出版社2013年版。

41. 谭民：《积极推进机械化条件下军事训练向信息化条件下军事训练转变》，黄河出版社2006年版。

42. 谭一青：《毛泽东决胜之道》，中国青年出版社2007年版。

43. 王德兴等：《强军梦》，解放军出版社2013年版。

44. 王荣辉：《制胜之道：对信息时代军事系统的若干思考》，新华出版社2011年版。

45. 王寿林、胡建明：《以强军目标统领空军现代化建设》，蓝天出版社2015年版。

46. 王树林、张英杰：《联合训练研究》，白山出版社 2010 年版。

47. 王兴中、方万军、刘福全：《军事变革与军队建设问题探索》，军事谊文出版社 2007 年版。

48. 吴清丽：《战斗力基本形态的新视角》，军事科学出版社 2011 年版。

49. 吴铨叙：《军事训练学》，军事科学出版社 2003 年版。

50. 吴铨叙：《跨越世纪的变革》，军事科学出版社 2005 年版。

51. 吴亚男：《实战化训练研究》，国防大学出版社 2009 年版。

52. 《习近平主席国防和军队建设重要论述学习研究》，国防大学出版社 2015 年版。

53. 《习主席国防和军队建设重要论述读本》，解放军出版社 2014 年版。

54. 徐根初：《联合训练学》，军事科学出版社 2006 版。

55. 许和震：《新军事变革与训练创新》，军事科学出版社 2003 年版。

56. 姚云竹：《战后美国威慑理论与政策》，国防大学出版社 1998 年版。

57. 于化民：《江泽民国防和军队建设思想述要》，中央文献出版社 2006 年版。

58. 于巧华：《战之能胜》，长征出版社 2015 年版。

59. 喻得友、王斌：《战争谋略的发展与信息化战争》，解放军出版社 2009 年版。

60. 喻得友、王斌：《战争谋略的发展与信息化战争》，解放军出版社 2010 年版。

61. 翟振华：《为了打赢下一场战争》，军事谊文出版社 2006 年版。

62. 张晖、郑守东：《军事训练转变 100 问》，国防大学出版社 2008 年版。

63. 张英利：《新时期中国国家安全战略》，国防大学出版社 2013 年版。

64. 张蕴岭：《中国与世界：新变化、新认识与新定位》，中国社会科学出版社 2011 年版。

65. 赵昌军、李劲松：《信息化战争作战理论创新研究》，军事科学出版社 2006 年版。

66. 赵锡君：《慑战》，国防大学出版社 2003 年版。

67. 赵勇、王振泉：《信息化条件下战斗精神培育》，军事科学出版社 2006 年版。

68. 郑必坚：《中国和平发展中的国防和军队建设》，中共中央党校出版社 2006 年版。

69. 中共中央宣传部：《习近平总书记系列重要讲话读本》，学习出版社、人民出版社 2016 年版。

70. 左学州、赵本好：《厉兵秣马谋打赢——军事斗争准备现实问题研究》，海潮出版社 2005 年版。